Rositta Beck-Rappen
Büro-Effizienz
46 Fragen und Antworten zur
Strukturierung des Arbeitsplatzes und
zu einem geordneten Berufsleben

Reihe
Soft Skills kompakt
Herausgegeben von Stéphane Etrillard
Band 15

Band 1 – Stéphane Etrillard: *Erfolgreiche Rhetorik für gute Gespräche*
Band 2 – Sabine Mühlisch: *Fragen der KörperSprache*
Band 3 – Reinhold Vogt: *Gedächtnis-Training in Frage & Antwort*
Band 4 – René Borbonus: *Die Kunst der Präsentation*
Band 5 – Ute Simon-Adorf: *Was Sie schon immer über Coaching wissen wollten ...*
Band 6 – Arno Fischbacher: *Geheimer Verführer Stimme*
Band 7 – Ute Simon-Adorf: *Mentaltraining in Frage & Antwort*
Band 8 – Stephan Ulrich: *Menschen grafisch visualisieren*
Band 9 – Jürgen W. Goldfuß: *Wer sich nicht führt, der wird verführt*
Band 10 – Doris Kirch: *Der Stress-Coach*
Band 11 – Stéphane Etrillard: *Charisma – einfach besser ankommen*
Band 12 – Birgit Lutzer: *Bringen Sie es auf den Punkt!*
Band 13 – Ursu Mahler: *Der Konflikt-Coach*
Band 14 – Roland Arndt: *Jedes Telefonat ein Erfolg*

Ausführliche Informationen zu jedem unserer lieferbaren und geplanten Bücher finden Sie im Internet unter www.junfermann.de. Dort können Sie auch unseren Newsletter abonnieren und sicherstellen, dass Sie alles Wissenswerte über das Junfermann-Programm regelmäßig und aktuell erfahren.

ROSITTA BECK-RAPPEN

BÜRO-EFFIZIENZ

46 FRAGEN UND ANTWORTEN ZUR
STRUKTURIERUNG DES ARBEITSPLATZES UND
ZU EINEM GEORDNETEN BERUFSLEBEN

Junfermann Verlag
Paderborn
2012

Copyright	© Junfermannsche Verlagsbuchhandlung, Paderborn 2012
Coverfoto	Gina Sanders – Fotolia.com
Covergestaltung / Reihenentwurf	Christian Tschepp
Fotos im Innenteil	Esselte, Herlitz, Mappei, Beck-Rappen

Satz	JUNFERMANN Druck & Service, Paderborn
Bibliografische Information der Deutschen Bibliothek	Die Deutsche Bibliothek verzeichnet diese Publikation in der Deutschen Nationalbibliografie; detaillierte bibliografische Daten sind im Internet über http://dnb.ddb.de abrufbar.

ISBN 978-3-87387-870-9

Dieses Buch erscheint parallel als E-Book (ISBN 978-3-87387-886-0).

Inhalt

Einleitung... 7

1.   Was kann ich für den ersten Büro-Effizienztag vorbereiten? 8

1. Tag – Stimmt mein Arbeitsplatz-Ambiente? 9

2.   Was sortiere ich aus? 9

2. Tag – Welche Grundregeln unterstützen meine Arbeitsplatz-Organisation?.... 12

3.   Hat alles seinen festen Platz? 12

4.   Steht alles systematisch und nur Wichtiges auf VIP-Plätzen? 12

5.   Wohin mit meinem Lesestapel? 13

6.   Was sollte ich beim Thema Ordner beachten? 14

7.   Ist eine Beschriftung mit Bleistift ausreichend? 14

8.   Wohin mit Unterlagen, die ich „zwischenparken" muss? 14

3. Tag – Papierunterlagen schneller finden, wie geht das?........................ 19

9.   Gibt es optische Suchhilfen? 20

10. Wohin mit Visitenkarten und Adressen? 21

4. Tag – Aufgaben, Gedanken und überall Zettel, wie behalte ich den Überblick? 24

11. Immer wieder Letzte-Minute-Aufträge – wie gehe ich mit
     meiner Aufschieberitis um? 26

12. Wie gehe ich mit meiner Tageskröte um? 26

13. Wie kam es, dass ich mich trotzdem mit etwas anderem als
     dem Geplanten beschäftigt habe? 27

14. Was tun, wenn alles auf einmal fertig werden muss? 27

15. Wie erstelle ich meinen Tageskompass? 28

16. Wie vermeide ich es, mich ständig zu verzetteln? 29

17. Wie schaffe ich es, die Zeiten einzuhalten? 30

5. Tag – Tages-, Wochen- und Monatsplanung, was ist sinnvoll?............ 32

18. Wie viel Zeit verplane ich für Aufgaben des nächsten Tages? 33

19. Wie lange darf eine Aufgabe dauern? 34

20. Wie komme ich mit meiner Zeit besser aus, wie setze ich Prioritäten?.... 35

21. Woran erkenne ich den Unterschied zwischen dringend und wichtig? 35

22. Muss ich wirklich alles selbst erledigen? 37

23. Wie plane ich meinen Arbeitstag? 38

24. Wie plane ich meine Woche? 39

25. Was ist für die Monats- und Jahresplanung wichtig? 40

6. Tag – Wie erhalte ich mir einen aufgeräumten Schreibtisch? 42

26. Arbeiten ohne Stapel – wie mache ich das? 43

27. Mit welcher Technik komme ich aus dem Entscheidungsstau heraus? 44

7. Tag – Bermudadreieck PC, ein für andere unsichtbares Chaos? 46

28. Wie erarbeite ich eine Ablagestruktur für den PC? 46

29. Wie benenne ich Dateien? 49

30. Wie strukturiere ich meine E-Mails? 50

31. Was mache ich mit alten Dateien? 51

8. Tag – Wie werde ich schneller und wo lässt sich Zeit sparen? 52

32. Sind 100 % Perfektion immer nötig? 53

33. Wie lässt sich die Dauer von Besprechungen beeinflussen? 53

34. Seitenweise Protokoll – wann soll ich das noch lesen / schreiben? 54

35. Wie spare ich Zeit am Telefon? 55

36. Wie spare ich Zeit in der schriftlichen Kommunikation? 57

9. Tag – Wie gehe ich mit den ständigen Unterbrechungen um? 59

37. Wer oder was stört denn da ständig? 59

38. Wie sorge ich für Zeitpuffer am Tag? 62

39. Wie gehe ich mit den vielen E-Mails effizient um? 63

40. Mal am Stück etwas abarbeiten – wie schaffe ich das? 67

41. Wie werde ich den Erwartungen anderer gerecht? 68

42. Abgrenzen und Nein-Sagen lernen – wie mache ich das? 68

10. Tag – Wie kann ich kontinuierlich effizienter werden? 72

43. Wie schaffe ich Ordnung im Ordner? 72

44. Bei wem befindet sich denn jetzt eine entnommene Unterlage? 75

45. Kopierpapier leer – wie steuere ich Verbrauchsmaterial? 76

46. Wie gehe ich an seltene Aufgaben heran? 77

Ende 80

Einleitung

Ein Griff und die Sucherei beginnt. Bürozeitvertreib Nummer eins ist immer noch das Suchen. „Das Genie beherrscht das Chaos!", so lautet ein bekanntes Zitat. Es gibt Menschen, die schmücken ihren Schreibtisch mit Papierstapeln, um anderen gegenüber eine hohe Beschäftigung zu signalisieren. Andere wünschen sich, als Genie erkannt zu werden.

In der Arbeitswelt gilt: Unordnung kann die Karriere blockieren. Ein chaotischer Schreibtisch kostet das Vertrauen anderer Menschen in die Qualität von Arbeitsaufträgen. „Ich habe keine Zeit für Ablage!", scheint eine plausible Erklärung für Papierberge. Doch keine Zeit für Ablage heißt, Zeit für die Suche zu verbrauchen. Wahrscheinlich wird dann an mindestens zwei Orten gesucht. Zunächst dort, wo die Unterlage eigentlich sein sollte und dann doch nicht ist, also ran an den Stapel. Siehe da, Sie finden tatsächlich etwas, zwar nicht das Gesuchte, aber etwas, das Sie auch schon vermissten. Schlimmer wird es noch, wenn Sie während der Suche durch das Telefon oder Besucher unterbrochen werden, bevor Sie das Gesuchte gefunden haben. Neben der durch Suchzeiten hervorgerufenen Unzufriedenheit, bleibt die eigentliche Arbeit liegen. Ja, Sie verzetteln sich sogar unnötig mit anderen Aufgaben.

Möchten Sie ...

- Unterlagen und Informationen ohne Suchzeiten finden?
- ohne Papierstapel arbeiten?
- Besucher in einem aufgeräumten Büro empfangen?
- jederzeit Klarheit über Termine, Aufgaben und Prioritäten haben?
- Büro-Effizienz etablieren und Zeit für Ihre Hauptaufgaben nutzen?
- jemandem kompakte Lösungsangebote an die Hand geben?

Dieses Buch unterstützt Sie dabei, Ihre Arbeitsumgebung, Arbeitsunterlagen und Ihren Arbeitstag so zu strukturieren, dass Sie Zeit gewinnen.

Statt einer Marathon-Umstellung an einem Tag, legen wir jeden Tag eine Kurzstrecke zurück. Durch diesen psychologischen Trick von einzelnen kleinen Teilstrecken erreichen Sie Ihre Zwischenziele einfach. Am Ende der investierten zehn Kurzstrecken schauen Sie auf ein geordnetes Büro und zeitliche Freiräume zurück. Gäbe es „Deutschland sucht den Büro-Effizienzexperten", Sie könnten sich nach Umsetzung der Tipps darauf bewerben.

Das Kamerateam dieser Unterhaltungssendung würde Sie an Ihrem Arbeitsplatz begleiten. Klappe 1: Ihr Büro – worin unterscheidet sich Ihr Effizienz-Büro von einem anderen? Wie wirkt dieses Büro auf den Zuschauer und auf Sie? Klappe 2: Die

Kamera schwenkt auf Sie. Wie verhalten Sie sich als Effizienz-Experte? Was machen Sie anders als andere? Klappe 3: Es folgt ein Interview und Sie werden gefragt, welche Fähigkeiten Sie als Effizienz-Experten besonders auszeichnen. Welche Tipps mit Hebelwirkung Sie anderen empfehlen können. Klappe 4: Die Kamera zeigt, Sie wirken trotz der vielen Aufgaben und Termine entspannt, strahlen Souveränität und Professionalität aus. Klappe 5: Sie verlassen das Büro im Hellen, nämlich am frühen Nachmittag. Ja, Sie haben nach Arbeitsende sogar noch Zeit für Ihre Lieblingsmenschen, Freunde, Ihr Hobby oder tun aktiv etwas für Ihre Gesundheit und Ihr Wohlbefinden.

Es ist wahrscheinlich nicht Ihr Ziel, sich auf ein mögliches TV-Format vorzubereiten. Vielmehr verfolgen Sie mit dem Thema Büro-Effizienz ein eigenes Ziel. Was erfüllt sich für Sie, wenn Sie die nächsten zehn Tage dranbleiben? Wollen Sie schneller arbeiten, um mehr Aufgaben in der gleichen Arbeitszeit zu schaffen? Wollen Sie Zeit sparen, um diese in andere, wichtigere Aufgaben zu investieren? Soll sich Ihre Arbeitsqualität verbessern, damit weniger Reklamationen entstehen? Oder wollen Sie einfach schneller fertig werden, um Zeit für Ihre Lieblingsmenschen und Freizeitaktivitäten zu haben?

Finden Sie heraus, was Sie lockt oder was Sie vermeiden wollen. Notieren Sie jetzt Ihr Ziel:

Wie viele Stunden pro Tag sind Sie bereit für Ihre Effizienz-Lösung zu investieren?

---

1. Was kann ich für den ersten Büro-Effizienztag vorbereiten?

Damit Sie für Ihre erste Kurzstrecke hin zu einer für Sie optimalen Büro- und Arbeitsorganisation ausgerüstet sind, finden Sie hier Ihre Checkliste:

- Vier große Kartons / Kisten und je nach Volumen auch Container stehen bereit? Tipp: Bitte geizen Sie nicht mit großen Kisten, je größer desto eher sortieren Sie aus.
- Ein Eimer Wasser, Reinigungs- und Trockentücher stehen zur Verfügung?
- Leere Ordner, Locher, ein breiter Filzschreiber, Spiralblock oder Notizbuch sind vorhanden?
- Sie verfügen über unterbrechungsfreie Zeit von mindestens vier Stunden?
- Telefone sind umgeleitet, PC ausgeschaltet, jemand kümmert sich um Besucher?
- Sie haben Getränke und einen kleinen Snack vorbereitet?

1. Tag | Stimmt mein Arbeitsplatz-Ambiente?

Je nach Tätigkeit verbringen Sie einige Stunden pro Tag an Ihrem Schreibtisch. Ihre Arbeitsumgebung kennen Sie sehr gut und vielleicht haben Sie sich auch schon daran gewöhnt, dass Papierstapel auf Ihrem Schreibtisch liegen, Kartons Schrankauszüge blockieren, das Fenster sich wegen der zugestellten Fensterbank nicht ganz öffnen lässt. Ist denn die Farbe Ihrer Schreibtischoberfläche sichtbar? Schauen Sie sich Ihr Büro mit den Augen eines Kunden an. Was sagt Ihr Büro über Sie und Ihre Arbeitsweise aus?

„Wir haben keine Zeit den Zaun zu reparieren, weil wir immer die Hühner einfangen müssen!"

Dieser „Zaun" ist Ihr Arbeitsrahmen – je stabiler, desto besser. Stellen Sie sich vor, Sie finden Ihre Unterlagen mit einem Griff, haben immer den Überblick und alles ist gut strukturiert, aufgeräumt. Es entstehen freie Flächen, freier Raum – Freiraum. Das ist Luxus am Arbeitsplatz.

Wie wirkt das erst auf Ihre Kunden, Kollegen oder Mitarbeiter? Statt Papierstapel, die sich gegenseitig stützen, Klarheit über Prioritäten. Selbst bei einer Fülle von Aufgaben und Informationen liegt immer nur das auf dem Tisch, was jetzt bearbeitet wird.

2. Was sortiere ich aus?

Wie oft haben Sie schon hin- und hergestapelt, vielleicht etwas anderes als das Gesuchte gefunden und sich dann darin verzettelt? Abgeschlossene Vorgänge, veraltete Unterlagen und Herumliegendes erhöhen falsche Finde-Treffer. Diese Dinge versperren die Sicht auf das Wesentliche. Damit Wichtiges zwischen Unwichtigem nicht untergeht, sortieren Sie jetzt gnadenlos aus. Wer könnte Sie beim Aussortieren unterstützen? Wenn es Ihnen alleine zu viel ist, googeln Sie das Wort „Aufräumprofi", sicher gibt es jemanden in Ihrer Nähe. Ansonsten legen Sie jetzt los!

Ihre vier großen Kartons / Kisten kommen zum Einsatz, beschriften Sie diese nach folgendem Muster:

Wegwerfen	Verschenken / Verkaufen
■ Was benötige ich **nie**? DM-Geldscheinprüfgerät, Disketten, Zubehör von ausgeschiedenen Druckern oder Mobiltelefonen … ■ Buchführungsunterlagen, älter als 10 Jahre nach Jahresabschluss[1]	Entsorgen Sie Werbegeschenke und haben Sie kein schlechtes Gewissen, wenn Sie sich von Erbstücken (Bücher, Lampe, Schrank …) trennen.
Weiterleiten / Delegieren	**Archiv**
Was benötigen andere?	Abgeschlossene Unterlagen mit Aufbewahrungsfrist

Beginnen Sie mit den Unterlagen auf Ihrem Schreibtisch. Sammeln Sie bitte auch Werbekullis, Textmarker, Lineale ein. Diese Utensilien räumen Sie in die Schreibtischschublade ein. Zu den Standards für einen aufgeräumten Schreibtisch kommen wir dann am sechsten Tag.

Der Schreibtisch ist jetzt von allen alten Unterlagen und Staubfängern befreit? Gut, dann haben Sie freie Sicht! Erlösen Sie Ihre Pinnwand und den Bildschirm von Aushängen und farbigen Haftnotizen. Aktuelle Haftnotizen kleben Sie in ein Notizbuch. So bleiben Ihnen die Ideenfänger erhalten, bis Sie am sechsten Tag eine andere Methode kennenlernen.

Weiter geht es mit dem Aussortieren in Regalen und Schränken. Die Grundregel lautet: Ein Viertel der Stellfläche bleibt frei. Dadurch verhindern Sie, dass Unterlagen bei fehlendem Platz an einem zwar ungünstigen, aber praktischen Ablageort (z. B. Fensterbank, da war gerade frei) liegen.

Stellen Sie sich vor, Berta Blümchen unterstützt Sie und macht Ihre Ablage. Sie greift sich einen Ordner, in den die Unterlagen abzuheften sind. Oh – dieser Ordner ist so voll, dass nichts mehr hineinpasst. In Ordnung, Berta legt einen neuen Ordner an. Sie hält ihn jetzt in den Händen, doch Ihre Schränke sind so voll, dass der neue Ordner nicht einmal auf die anderen quer draufgelegt werden kann. Glauben Sie, Berta wird weiterhin mit Freude Ihre Ablage übernehmen oder gar neue Ordner anlegen? Das wiederum sorgt für hausgemachten Engpass: der Ordner ist voll, einen neuen

---

1   Es gibt Aufbewahrungsfristen nach betrieblicher Notwendigkeit (Informationsquelle, Dokumentation) und nach gesetzlichen Vorschriften. Die wichtigsten Aufbewahrungsfristen finden Sie im Internet mithilfe der folgenden Suchwörter: IHK steuerliche Aufbewahrungsfristen. Legen Sie sich eine Übersicht mit den Aufbewahrungsfristen Ihrer Unterlagen an. Diese Klarheit sorgt für weniger Aktenballast!

anlegen nützt nichts, weil kein Platz im Schrank, also wird keine Ablage gemacht, folglich bilden sich Papier-Wanderdünen und der Bürozeitvertreib Nummer eins nimmt seinen Lauf. Suchen, suchen, suchen ...

Grund genug, jetzt dranzubleiben. Prüfen Sie, was weg kann. Werfen Sie Ballast ab und schaffen Sie freie Flächen.

Finden Sie einen unbeschrifteten Ordner, ändern Sie das sofort mit einem gut lesbaren, breiten Filzschreiber. Den Standard für „ordentliche", über den PC ausgefüllte Ordnerrückenschilder legen wir am dritten Tag fest.

Legen Sie nach etwa eineinhalb Stunden eine kurze Getränke- und Snackpause ein. Dann machen Sie sofort weiter. Beenden Sie den heutigen Aufräumtag mit einem Foto von Ihren gefüllten Kartons und dem gewonnenen Platz. Sie haben Ballast abgeworfen.

Alle Aufgaben des Tages erledigt?

- Schreibtisch absortiert
- Pinnwand aktuell
- Bildschirmzettel abgenommen, in Notizbuch geklebt
- Freie Regal- und Schrankflächen erreicht
- Altes aus Schränken / Regalen archiviert, verschenkt oder entsorgt

Wie fühlen Sie sich jetzt nach der getanen Arbeit?

2. Tag | Welche Grundregeln unterstützen meine Arbeitsplatz-Organisation?

3. Hat alles seinen festen Platz?

Vielleicht kaufen Sie gerne in einem bestimmten Supermarkt ein. Vermutlich wegen der Nähe, der Preise oder weil Sie sich dort gut auskennen und alles schnell finden. Eine Erfolgsstrategie des Geschäfts kann die Gruppierung der Waren sein (Gemüse, Gewürze ...). Je besser sich Ihnen diese Gruppen erschließen, desto schneller ist Ihr Einkauf erledigt. Auch für die Büroorganisation ist das systematische Stellen zeitsparend und nervenschonend.

4. Steht alles systematisch und nur Wichtiges auf VIP-Plätzen?

Es gibt Aufbewahrungsorte in Ihrem Büro, die leicht und schnell zugänglich sind. Vergeben Sie diese prominenten Schrank- und Regalplätze nur an Unterlagen, die Sie ständig benötigen. Ordnen Sie täglich benötigte Unterlagen thematisch zusammengehörend direkt am Arbeitsplatz an. Was seltener (wöchentlich) gebraucht wird, bewahren Sie einfach weiter weg auf.

So darf beispielsweise das komplette Büromaterial an einer Stelle abseits der VIP-Plätze untergebracht werden. Den Materialfluss können Sie über Kanban-Karten (siehe zehnter Tag) steuern, sodass immer rechtzeitig neues Büromaterial verfügbar ist.

Finden Sie einen festen Platz für Visitenkarten, Software, Batterien, Schlüssel ... Es gibt hilfreiche Utensilien (Rollkarteikasten für Visitenkarten, Boxen, Stehsammler für Fachzeitschriften), die Ihnen das Aufbewahren, Beschriften und damit den schnellen Zugriff erleichtern.

Abbildung 1: Stehsammler für Fachzeitschriften

Stellen Sie alle Ordner eines Themas wie Buchhaltung, Personal, Lieferanten zusammen.

Grundregel Schreibtisch: Optische Störungen sind auch Störungen! Gegenstände, die Sie nicht ständig benötigen, erzeugen bei der Suche unnötige Ablenkung oder auch „falsche Treffer". Schaffen Sie Platz und Freiraum, trennen Sie sich von den vielen Kugelschreibern und überzähligen Stiften. Sie schreiben doch immer nur mit einer Hand und einem Stift. Locher und Heftgerät verstauen Sie in der Schreibtischschublade. Legen Sie eine rutschhemmende Matte ein, so bleibt alles geräuschfrei an seinem Platz.

5. Wohin mit meinem Lesestapel?

Legen Sie einen Aufbewahrungsort für zu lesende Unterlagen fest. Das Volumen begrenzen Sie bewusst, denn sonst züchten Sie sich einen neuen Stapel aufgeschobener „Lese"-Entscheidungen heran. Die Informationen bleiben schließlich auch nur begrenzte Zeit aktuell. Sich zu informieren und weiterzubilden ist eine Aufgabe, die Sie konkret einplanen müssen. Legen Sie eine Lesemappe an, die Sie beispielsweise mitnehmen, wenn Sie im Zug An- und Abreisezeiten nutzen oder mit Wartezeiten vor Besprechungen rechnen. Statt einer Lesemappe ist auch eine kleine nach oben begrenzte Box hilfreich, die Sie dort aufstellen, wo Sie lesen werden.

6. Was sollte ich beim Thema Ordner beachten?

Jetzt kümmern Sie sich um Ihre Ordner. Wer macht schon gerne Ablage, wenn Ordner so voll sind, dass nichts mehr hineinpasst? Die Grundregel für Regale wenden wir auch auf den Inhalt des Ordners an. Er darf nur zu drei Viertel gefüllt sein. Komplett gefüllte Ordner erschweren das Herausnehmen aus dem Regal, Blättern, Finden von relevanten Informationen und Einheften neuer. Zugriffs- und Suchzeiten werden länger, je mehr Informationen aufbewahrt werden. Da schwindet auch die Arbeitsfreude. Leisten Sie sich bitte ein Viertel Freiraum in jedem Ordner.

7. Ist eine Beschriftung mit Bleistift ausreichend?

Zunächst gilt die Grundregel: Ordnungshelfer sind immer beschriftet. Dieser Standard dient effizienter Büro- und Arbeitsorganisation. Erleichtern Sie es sich und Arbeitskollegen, Unterlagen direkt zu finden. Mit Bleistift beschriftete Ordner haben jedoch einen zu geringen Kontrast, wenn Sie die Rückenschilder schnell und aus der Entfernung lesen. Haben Ihre Ordner Einsteck-Rückenschilder, prima – dann drucken Sie neue einfach auf Papier am dritten Tag aus. Falls aufgeklebte eingesetzt werden, besorgen Sie bitte für Ihren nächsten Büro-Effizienz-Tag druckergeeignete in schmaler oder breiter Ausführung. Gut lesbare Rückenschilder sind eine Augenweide.

8. Wohin mit Unterlagen, die ich „zwischenparken" muss?

Eine gute Ablagestruktur hilft besonders, wenn Vorgänge abgeschlossen sind und Sie diese nur noch zur Dokumentation oder wegen der gesetzlichen Notwendigkeit aufbewahren. Was aber tun, wenn der Vorgang gerade erst beginnt oder mitten in der Bearbeitung steckt? Vielleicht warten Sie noch auf Informationen, wissen aber nicht, wann Sie diese erhalten.

Schauen Sie sich einmal die zugestellte Fläche eines Stapels an. Herumliegendes verkleinert Ihren Aktions- und Freiraum. Statt die Entscheidung, etwas in einen Stapel oder Ablagekorb zu verschieben, auszusitzen, benötigen Sie ein einfaches, terminabhängiges Zwischenlager als Ordnungssystem.

Bei geringerem Umfang Ihrer haptischen Unterlagen reicht ein Pultordner. Ein Pultordner hat Register mit dem Aufdruck 1 – 31 für das Tagesdatum und I – XII für die Monate. Bewahren Sie ihn auf seiner Längsseite stehend statt liegend in einer Box auf. Dadurch ist er wie ein Karteikasten nutzbar. Alles, was am 28. des laufenden Monats erledigt werden soll, finden Sie unter 28 als Tagesdatum. Etwas, was Sie erst im nächsten Monat benötigen, sammeln Sie im hinteren Teil des Ordners, z. B. I für Januar, II für Februar usw.

Abbildung 2: Pultordner

Haben Sie es mit umfangreicher Wiedervorlage zu tun, ist das Fassungsvermögen eines Pultordners schnell erschöpft. Greifen Sie in diesem Fall lieber auf eine Terminstation mit Hängemappen zurück.

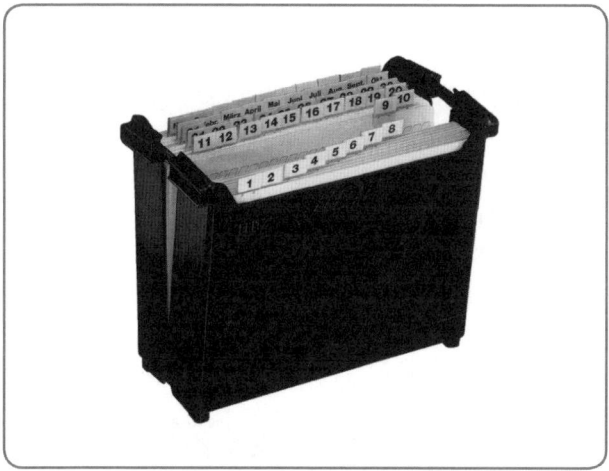

Abbildung 3: Terminstation

Hängemappen als rollierendes System zur Tages-, Monats- und Jahreswiedervorlage sind eine flexible Organisationslösung. Schnell und gezielt auf Informationen zuzugreifen ohne gleich einen kompletten Ordner mit sich zu führen, zählt zu den Vorteilen von Hängemappen. Sie sind auch mit Schlauchheftung erhältlich. Der Schlauch lässt sich an beliebiger Stelle öffnen, womit auch das Zwischensortieren beim Abheften möglich ist. Entscheiden Sie, ob eine nach unten geöffnete Mappe hilfreich ist. Oben geöffnet erleichtert schnelles Einsortieren ohne Lochung.

Für Ihre Terminstation beschriften Sie 31 Tages- und zwölf Monatsmappen. Zwei weitere Mappen für die nächsten Jahre sind ebenfalls hilfreich. Druckvorlagen zur Beschriftung finden Sie als Download unter ↗ www.denkvorgang.com/buch/etikett_reiter_Monate.pdf und ↗ www.denkvorgang.com/buch/etikett_reiter_Tage.pdf.

Hängen Sie die 31 Tagesmappen in einen Hängemappenständer, in Ihren Schreibtischauszug oder in Ihre Terminbox. Das aktuelle Tagesdatum hängt vorne. Ist heute beispielsweise der 25.11., dann hängt die Tagestasche 25 als erste Mappe, dahinter die Tagesmappe 26 ... Hinter der Mappe 31 finden Sie den Dezember als Monatsmappe. Hinter der Monatsmappe Dezember hängen die Tagesmappen 1 – 24. Am Tagesende stecken Sie die leere Tagesmappe des aktuellen Tages nach hinten, die des nächsten Tages rutscht so nach vorne. Die übrigen Monatsmappen dürfen separat hängen, sie sollen den „Kreislauf" nicht unterbrechen.

Wenige Tage vor Monatsende, in unserem Beispiel am 28., sortieren Sie alle in der Dezembermappe eingeordneten Unterlagen in die jeweiligen Tagesmappen. Die Dezembermappe wandert jetzt in die Rubrik Monate und wird gegen die Januarmappe ausgetauscht.

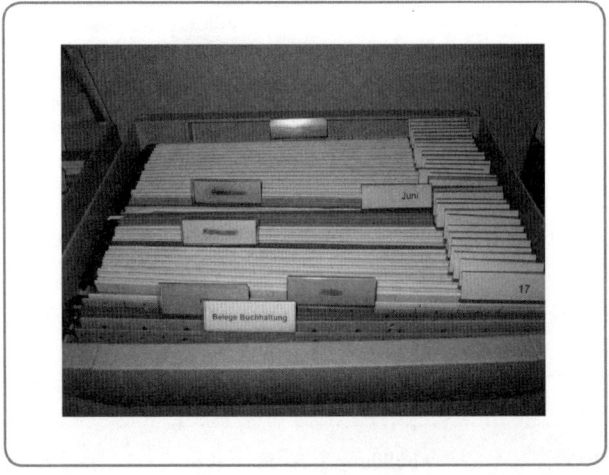

Abbildung 4: Tagesmappen mit Datum und Themen zur Wiedervorlage

Zusätzlich zu den Tagesmappen können Sie Produkt-, Projekt- oder Kundenmappen anlegen. Das erleichtert das schnelle Finden und Mitnehmen der Unterlagen und Kataloge. Die Reiterfarbe ist ebenfalls Finde-Hilfe für das Auge: Kunden haben beispielsweise rote Reiter, Interessenten gelbe, Lieferanten weiße. Wollen Sie den Kunden „Engels" am 27. anrufen, so hängen Sie die Kundenmappe vor die Tageswiedervorlage 27.

Damit einzelne Hängemappen nicht zu Informationsgräbern werden, müssen sie möglichst aussagekräftig beschriftet werden. Also *„Weihnachtskarten Jahr JJJJ"* statt *„Sonstiges"* oder *„Erledigen"*. Von außen kann die Hängemappe direkt mit Telefonnummer und Ansprechpartner beschriftet werden.

Die Beschriftung von Hängemappen über farbige Schildchen ist schnell und einfach über den PC möglich. Eine Excel-Tabelle mit Druckvorlage und Farbwahl finden Sie zum Download unter ↗ www.denkvorgang.com/buch/etikett_reiter_farbe.xlsx.

Je nachdem, wo Sie die Beschriftung auf der waagerechten Kante anbringen, ist auch hier ein schneller Zugriff möglich. Beginnen Sie z. B. eine alphabetische Reihenfolge ganz links mit A oder eine zeitliche Reihenfolge mit Januar, der Kalenderwoche, der Projektnummer …

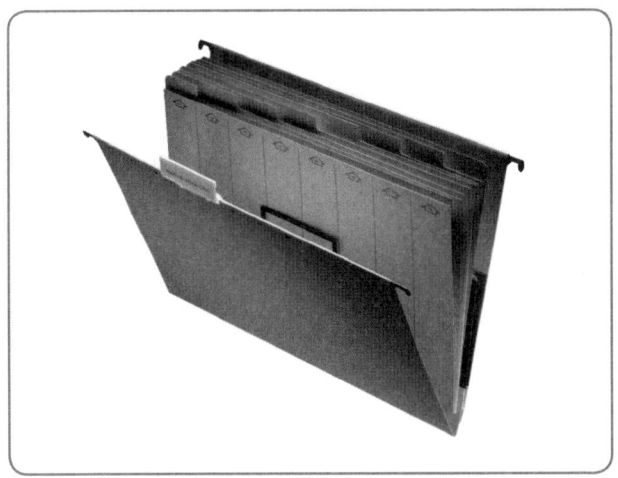

Abbildung 5: Universalakte Hängeregistratur

Eine sehr schnelle und platzsparende Ablagetechnik bietet Mappei. Mithilfe der Mappei-Methode greifen Sie in wenigen Sekunden auf Ihre aktuellen Vorgangsdokumente zu, erstellen ein übersichtliches Wiedervorlagesystem und organisieren Ihre Ablage.

Frust erzeugende Suchzeiten fallen weg. Der klassische Ordner ist mit diesem System nicht mehr notwendig. Durch die geringere Höhe des Ordnungsmittels bringen Sie mehr Regalböden im Schrank unter und haben damit eine größere Stellfläche, mehr Platz für mehr Dokumente im übersichtlichen und direkten Zugriff. Das Produktsortiment finden Sie im Internet unter ↗ www.mappei.de. Es ist vielseitig und bietet für fast alle Anforderungen das Passende. Der Mappei-Organisationsberater berät Sie gern und findet gemeinsam mit Ihnen eine individuelle Lösung. Einen Beratungsgutschein finden Sie unter ↗ www.denkvorgang.com/buch/beratungsgutschein.pdf.

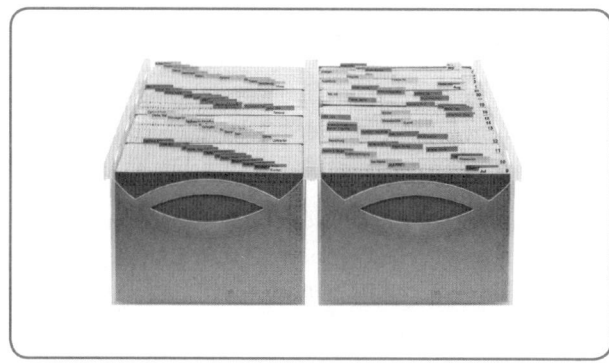

Abbildung 6: Beispiel einer alphabetischen Ordnung und Terminstation (Mappei-System)

Schluss mit aufgeschobenen Entscheidungen! Verhängen Sie jetzt ein Parkverbot für Unterlagen auf dem Fußboden, den Fensterbänken und sonstigen Lieblingsplätzen. Das gesamte Büro wird zur stapelfreien Zone erklärt. Alles hat seinen festen Platz. Sie haben höchstens zwei Brief- / Ablagekörbe auf dem Schreibtisch, beschriftet mit „Eingang" oder „Ablage". Beide sind abends leer und Sie nutzen Ihre Terminstation. Abgemacht?

Alle Aufgaben des Tages erledigt?

- Es gibt freie Stellflächen in Schränken / Regalen
- Ich habe Gleiches thematisch zusammengeführt
- VIP-Plätze für prominente Unterlagen sind festgelegt
- Das Volumen in Ordnern oder Hängemappen ist verschlankt und neu aufgeteilt
- Alles ist wenigstens von Hand beschriftet
- Die Entscheidung für Pultordner oder Terminstation habe ich getroffen
- Mein Einkaufszettel für Büromaterial ist vervollständigt (falls die Ordner keine Einsteck-Rückenschilder haben, selbstklebende Ordneretiketten zum Beschriften über PC / Drucker kaufen)

3. Tag | Papierunterlagen schneller finden, wie geht das?

Am zweiten Tag haben Sie alle Ordner und Unterlagen systematisch an einen festen Platz gestellt. Haben Sie Ordner oder Hängemappen mit der Aufschrift „Sonstiges", „Allgemein A – Z" oder „Schriftverkehr" in Ihrer Ablage ausfindig gemacht? Ein solcher Ordner wird auch Informationsgrab genannt. Schauen wir uns die Unterlagen im Ordner Schriftverkehr an. Sie fallen immer in Bezug auf ein Thema an. Handelt es sich um Korrespondenz mit einem Kunden, dann gehört das Schreiben zum Kundenvorgang. Lösen Sie heute Ihre Informationsgräber auf. Vielleicht ist ein Umheften auch nicht nötig und Sie vernichten die Korrespondenz direkt?

Betrachten Sie die übrigen Ordnerrückenschilder. „Steuerbescheide", „Lieferscheine", „Stundenzettel" lassen sich gut unter dem Oberbegriff oder der Hauptgruppe „Buchhaltung" zusammenfassen.

Finden Sie Oberbegriffe für die übrigen Ordner. Dabei sollten Sie sich auf höchstens zehn Hauptgruppen beschränken, vielleicht kommen Sie auch mit acht aus. Nummerieren Sie Ihre Hauptgruppen. Die Nummern dienen der schnellen visuellen Erfassung und sorgen später am PC auch für einen festen Platz. Schon beim Speichern von Dateien denken Sie damit in einer hilfreichen und synchronen Ablagesystematik. Anders herum: Sie finden eine Unterlage im Ordner mit der Aufschrift „2", entsprechend finden Sie Dateien auf Ihrem PC dann auch unter der Hauptkategorie „2". Den PC nehmen wir uns am siebten Tag vor.

Prüfen Sie, ob Ihre Zuordnung auch für Außenstehende (Kollegen / zukünftige Mitarbeiter) schlüssig ist.

Das könnte dann so aussehen:

1 – Buchhaltung, Personal
2 – Marketing, Werbung
3 – Ihre Produkte, Artikel (Dienstleistungen)
4 – Interessenten, Angebote
5 – Kunden
6 – Lieferanten
7 – Software, Anleitungen
8 – Archiv

9. Gibt es optische Suchhilfen?

Ein durchgängiges Farbleitsystem auf Ordnern, Klarsichthüllen oder Hängemappen ermöglicht schnellen Zugriff. Sie suchen beispielsweise nach dem Interessentenordner und wissen, er hat ein gelbes Rückenschild. Das Fokussieren auf „Gelb", statt alle Ordner- oder Hängemappen-Schildchen zu lesen, ist eine echte Leseentlastung und Findehilfe.

Legen Sie jetzt Ihre Farben für die Hauptgruppe fest:

Farbe	Hauptgruppe
Blau	Buchhaltung / Controlling
Grün	Marketing
Orange	Artikel
Gelb	Interessenten
Rot	Kunden
Hellblau	Lieferanten
Weiß	Software, Anleitungen

Jetzt kommen Ihre Ordner-Etiketten zum Einsatz. Beschriften Sie Ordnerrückenschilder am PC mit der Nummer Ihrer Hauptgruppe, Text, Symbolen und zugeordneter Farbe für schnelles Finden. Vorlagen für Etiketten finden Sie im Internet, z. B. unter ↗ www.denkvorgang.com/buch/etikett_ordner_breit.doc. PC-bedruckte Ordnerrückenschilder sind eine Augenweide: einheitliche Schriftart, Aufbau, Höhe, Text, Farbleitbalken und Symbol – das ist hilfreich und chic! Es hat auch noch den charmanten Nebeneffekt, dass Ordner meist in die richtige Kategorie zurückgestellt werden. Fällt doch direkt auf, wenn ein grüner zwischen vielen roten Ordnern steht.

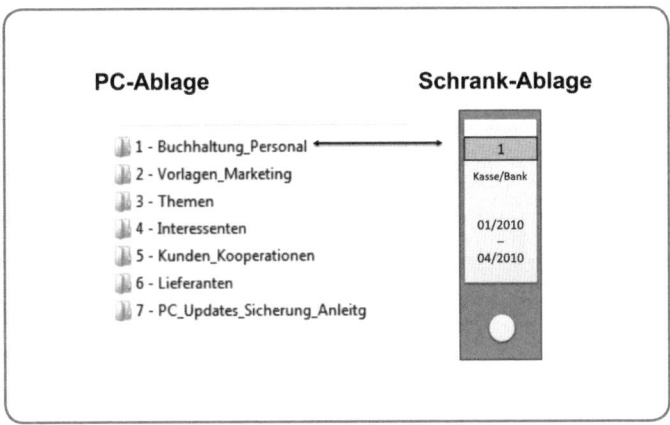

Abbildung 7: Synchrone Ordnungssysteme in der PC- und Schrankablage

10. Wohin mit Visitenkarten und Adressen?

Es gibt Visitenkarten, die sind so chic, dass Sie sie nicht vernichten wollen. Vielleicht fällt es Ihnen auch schwer, die einer wichtigen Person auszusortieren. Was motiviert Sie, Visitenkarten zu sammeln? Und wenn Sie auf eine Visitenkarte zugreifen, was ist das führende Merkmal Ihrer Suche? Ist es der Name des Gesprächspartners, der Name des Unternehmens, der Unternehmenszweck oder der Anlass?

Alle erhaltenen Visitenkarten in einer Rollkartei oder einer Visitenkartenmappe aufzubewahren bedeutet, nicht immer auf Ihren kompletten und aktuellen Adressbestand zuzugreifen. Es gibt sicher auch Kontaktdaten, die Sie über das Internet, eine E-Mail oder Briefe erhalten haben. Wichtig für einen unterbrechungsfreien Arbeitsablauf ist, an einer zentralen Stelle mit unterschiedlichen Suchkriterien auf Kontaktdaten zugreifen zu können. Das deckt eine Software einfach und umfänglich ab.

Das gängige Software-Paket Microsoft Office bietet Ihnen mit dem Modul Outlook unter „Kontakte" eine Adressverwaltung. Zu den hilfreichen Funktionen zählen Adresse in E-Mails und Word-Briefvorlagen nutzen, Serienbrieffunktionen, Telefonlisten, Erinnerung an den Geburtstag Ihres Kontaktes, Synchronisieren der Kontaktdaten mit Ihrem Mobiltelefon und viele weitere mehr.

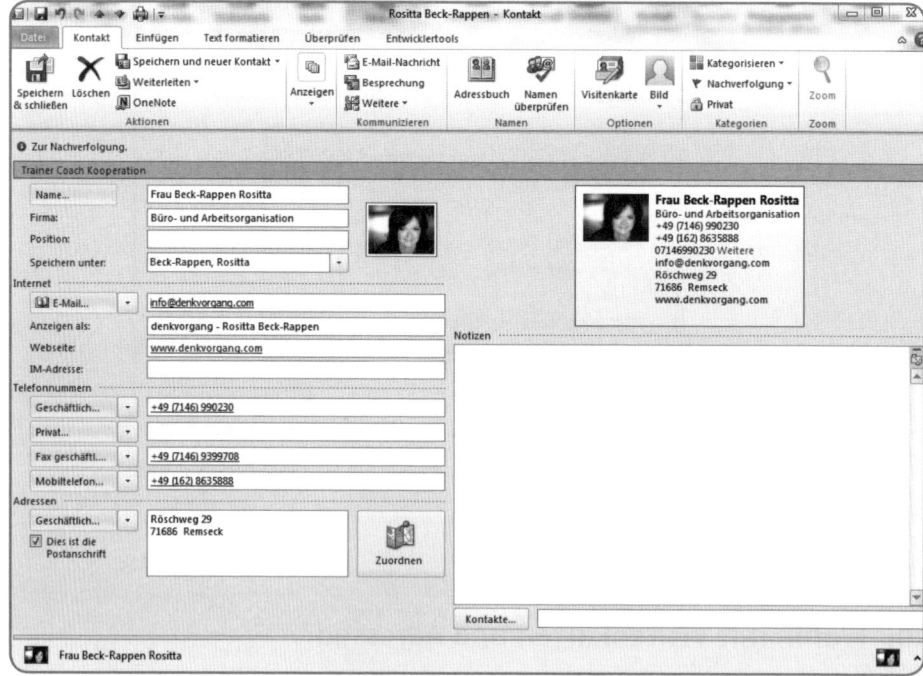

Abbildung 8: Kontakt in Outlook

Das Arbeiten mit Kategorien hat große Vorteile auch bei der Synchronisation mit dem Mobiltelefon. Viele Smartphones erkennen Kategorien als Gruppen. Das erleichtert Ihnen das schnelle Finden Ihrer Kontakte auf dem Mobiltelefon.

> **Outlook-Tipp:** Mit einem Klick auf *Anzeigen* → *Aktivitäten* findet Outlook alle verknüpften Termine, E-Mails und Aufgaben zu Ihrem Kontakt. In Outlook 2010 nehmen Sie die Einstellung über *Datei* → *Optionen* → *Kontakte* → *Verknüpfen* (hier den Haken setzen) vor.

Es gibt auf dem Markt zahlreiche Software-Lösungen für unterschiedliche Branchen. Finden Sie eine Software, die Ihren Bedarf erfüllt. Sie zählt zu der Grundausstattung Ihres Arbeitsplatzes.

Erfassen Sie relevante Kontaktdaten mit Kategorie (Lieferant, Kunde ...) und zeitlichem Anlass (Anfrage 03/2012). Die Visitenkarten können Sie anschließend auf der Kunden- oder Lieferantenmappe befestigen oder vernichten.

Alle Aufgaben des Tages erledigt?

- Informationsgräber (Ordner *Schriftverkehr, Allgemeines, Sonstiges*) sind aufgelöst
- Hauptgruppen stehen fest
- Farben pro Hauptgruppe sind abgestimmt
- Ordnerrückenschilder sind mit Nummer und Farbe der Hauptgruppe, Text, eventuell Symbol bedruckt
- Kontaktdaten werden an einer zentralen Stelle eingepflegt (Outlook-Kontakte, Excel- oder Word-Datei, Spezialsoftware)
- Kontaktdaten von Visitenkarten werden mit Adress-Software erfasst, kategorisiert
- Ich habe mich für die Weiterverwendung oder das Entsorgen von Visitenkarten entschieden

4. Tag | Aufgaben, Gedanken und überall Zettel, wie behalte ich den Überblick?

Wissenschaftler fanden heraus, dass uns täglich 60.000 Gedanken durch den Kopf gehen. Beruhigend ist, dass nur etwa 5.000 davon neue sind. Damit Wichtiges nicht vergessen wird, zieren oft Haftnotizen Bildschirme, Pinnwände oder Eingangstüren. Je nachdem, wie lange sie dort schon hängen, fallen sie von alleine ab oder werden schlicht überlesen.

In der Formulierung „... nicht vergessen!" liegt schon eine ungünstige Selbstprogrammierung. Das Gehirn kann ein „nicht" nicht filtern. Denken Sie jetzt nicht an eine Zitrone. Ist es Ihnen gelungen?

Leichter wird der Überblick mit zettelfreiem Arbeiten. Sieht doch allein optisch schon viel ordentlicher an Ihrem Arbeitsplatz aus. Unordnung begünstigt nämlich „Aufschieberitis" (Prokrastination). Aufgeschobene Entscheidungen sorgen für Stapel, für Haftnotizen als Denkzettel, für Stau. Aufgaben aufzuschieben kann an der inneren Stimme liegen, die Ihnen zuruft: „Mach das perfekt!", „Streng dich an!", „Beeil dich!" oder: „Mach es den anderen recht!". Kommt Ihnen einer dieser Sätze besonders bekannt vor? Schauen wir uns den Antreibersatz Perfektion näher an. Wann ist eine Aufgabe so gut erledigt, dass gut gut genug ist? Perfektion ist aufwendig, sie bindet Energie und wirkt wie eine Erledigungsblockade. Niemand ist immer und in allem perfekt. Keine Sorge – falls Sie von Prokrastination befallen sind, kommen Sie auch ohne Psychiater zurecht. Begegnen Sie Ihrer inneren Stimme mit einer neuen Strategie und mit Erlaubenssätzen.

Antreibersatz: *Sei perfekt!* Erlaubenssatz: *Niemand ist perfekt, auch ich darf Fehler machen.*	■ Setzen Sie sich für Leistungen und Genauigkeit realistische Standards. ■ Prüfen Sie die Detailtiefe: Ist es notwendig (welche Not wenden Sie ab), die Aufgabe so detailliert zu bearbeiten?
Antreibersatz: *Streng dich an!* Erlauben Sie sich den Gedanken: *Ich erreiche mein Tagesziel einfach, indem ich mir Zeit nehme, Pausen mache und auf mich mehr achte.*	■ Gehen Sie verantwortungsvoll mit Ihrer Tagesenergie um. ■ Arbeiten Sie mit einer realistischen Aufgabenliste. ■ Behalten Sie Ihr Tagesziel im Auge. ■ Halten Sie Ihre Arbeitszeit ein, statt Überstunden aufzubauen. ■ Genießen Sie Ihre Freizeit.
Antreibersatz: *Beeil dich!* Erlaubenssatz: *Ich darf mir Zeit nehmen und auch Pausen machen. Manches darf auch länger dauern.*	■ Zerlegen Sie große Aufgaben in Abschnitte. ■ Planen Sie Termine angemessen, setzen Sie sich Zwischenziele. ■ Nehmen Sie Tempo raus, sprechen Sie beispielsweise bewusst langsam.
Antreibersatz: *Mach es anderen recht!* Erlaubenssatz: *Ich darf meine Bedürfnisse und Standpunkte ernst nehmen. Ich bin o. k., auch wenn jemand unzufrieden mit mir ist. Ich darf es auch mir recht machen.*	■ Fragen Sie den anderen, was er erwartet, statt die Ausarbeitung zu erraten. ■ Bitten Sie andere um einen Gefallen. ■ Lernen Sie Nein-Sagen (das kommt am neunten Tag). ■ Setzen Sie freundlich und bestimmt Grenzen.

11. Immer wieder Letzte-Minute-Aufträge – wie gehe ich mit meiner Aufschieberitis um?

Und wieder ist ein Tag vorbei – die Steuererklärung ist immer noch nicht erledigt. „Morgen, ja, gleich morgen werde ich mich darum kümmern!" Wie oft haben Sie sich das schon versprochen?

Lästiges wird nicht besser, schöner, kleiner, wenn es hinausgeschoben wird. Je länger Lästiges verschoben wird, desto schwerer fällt es, damit anzufangen.

Sie haben es mit Ihrem „inneren Schweinehund" zu tun und eigentlich hat er eine positive Absicht. Positiv? Ja, er will Sie vor Überanstrengung und langweiligen Arbeiten schützen. Er hat die Aufgabe des Komfortzonenbewachers übernommen. Deshalb lässt er sich auch so viele Ablenkungen einfallen: schnell mal E-Mails prüfen und bearbeiten – ist ja wichtig –, dann kurz mal in Facebook oder Xing schauen – nur nichts verpassen –, kurz jemanden anrufen – schon ist das Tagesende erreicht.

Fragen Sie sich nach Ihrem übergeordneten Ziel. Wenn Sie schon diese Arbeit machen, für welches übergeordnete Ziel (z. B. Eigenheim abgezahlt in x Jahren) ist es lohnenswert, das weiterhin zu tun? Mit Zielen und wie Sie diese gehirngerecht formulieren beschäftigen wir uns am fünften Tag.

Was wäre möglich, wenn Sie die Steuererklärung, die Präsentation, den Vortrag ... schon heute fertig hätten? Wie würde sich die erledigte Aufgabe anfühlen? Womit würden Sie sich dann gerne beschäftigen?

12. Wie gehe ich mit meiner Tageskröte um?

Versuchen Sie es mit der Salami-Taktik – täglich ein Scheibchen des Gesamtprojekts und am Ende ist „die Steuererklärung gegessen" statt vergessen. Zerlegen wir die Steuererklärung in Teilprojekte. Wie wäre es, heute mit der Anlage Werbungskosten zu beginnen. Für den nächsten Tag nehmen Sie sich als Ziel, die Anlage Sonderausgaben fertigzustellen. Jetzt ist für Sie leichter überschaubar, wann das Gesamtprojekt „Einkommensteuererklärung" erledigt ist. Auch Ihr innerer Schweinehund wird Sie bei überschaubaren Arbeitsvorhaben eher gewähren lassen als Sie abzuhalten. Durch diese Variante von einzelnen kleinen Teilprojekten erreichen Sie schnell Zwischenziele, die alle zusammen schließlich am Ende den erfolgreichen Abschluss des Gesamtprojektes ergeben. Der psychologische Trick: Sie kommen Ihrem Ziel Stück für Stück näher. Belohnen Sie sich für das Abarbeiten Ihrer „Tageskröte" am Ende des Arbeitstages mit einer schönen Freizeitaktivität.

13. Wie kam es, dass ich mich trotzdem mit etwas anderem als dem Geplanten beschäftigt habe?

Die Antwort liegt schon zum Teil in dem Wörtchen „beschäftigt". Ihr innerer Schweinehund ist erfinderisch, es gibt doch immer etwas zu tun. Sie hatten ja auch nur kurz vor, sich mit einer angenehmeren Arbeit aufzuhalten. Da kann es schon mal passieren, ein Zwischenziel zu vernachlässigen. Doch wie hat er es geschafft, Sie von der geplanten Aufgabe abzuhalten? Werden Sie sich über Ihre Vermeidungsstrategien klar und fragen Sie sich:

- Wann genau bin ich undiszipliniert?
- Was genau tue ich, wenn ich meiner Aufgabe ausweiche?
- Wie genau lenke ich mich ab? Schreibe ich überflüssige E-Mails, telefoniere ich oder recherchiere ich im Internet?
- Wie fühle ich mich dabei? Überfordert? Unfähig?

14. Was tun, wenn alles auf einmal fertig werden muss?

Die Frage klingt nach einem hohen eigenen Anspruch, alles fertigzubekommen und es möglicherweise jedem recht zu machen.

Frieda Freudensprung zum Beispiel gerät ständig unter Erledigungsdruck. Bittet ein Kollege sie um einen Gefallen, stellt sie ihre eigentlich wichtige Aufgabe zugunsten des leicht zu erledigenden Randproblems hinten an. Sie hält es auch nicht gut aus, wenn jemand drängelt und ihr durch nachhaltiges Fordern den letzten Nerv raubt. Nach dem Kindergarten-Motto „Wer am lautesten ruft, bekommt die meisten Kekse!" hat Sie keine Lust mehr, sich das weiter anzuhören und gibt nach, erfüllt anderen einen Wunsch. Was hat der andere gelernt? Genau: Nerven lohnt sich. Und sie, macht sie ihrem Namen Ehre? Am neunten Tag beschäftigen wir uns mit dem Nein-Sagen.

Statt planlos nach dem Zufallsprinzip auch nebensächliche Aufgaben zu erledigen, durchbrechen Sie mit einer Aufgabenliste den Erledigungs-Dunst und kennen bereits am Vortag des Arbeitstages, was als Erstes zu erledigen ist. Diese am Vortag ausgedruckte Liste ist der Tageskompass.

15. Wie erstelle ich meinen Tageskompass?

Zunächst brauchen Sie einen Überblick, was genau heute ansteht. Fällt Ihnen gerade ein, was Sie noch zu erledigen haben, notieren Sie diese Aufgabe in genau einer (!) Liste. Züchten Sie bitte keine weiteren Informations-Nester. Alles hat seinen Platz, auch Ihre Aufgaben. Diese eine Liste kann Ihre Outlook-Aufgabenverwaltung sein, ein Notizbuch, das Sie handschriftlich führen, eine Excel- oder Wordliste. Spalten unterstützen Sie in der Aufgabenplanung.

Was?	Dauert circa?	Erledigen bis?	Priorität?	Erledigt?

Mit einem Blick auf Ihren Schreibtisch stellen Sie fest: Einige Stapel rufen nach Erledigung. Durch sichtbares Liegenlassen werden die Aufgaben nicht attraktiver. Mit Ihrem Wiedervorlagesystem vom zweiten Tag finden Sie die zu erledigenden Aufgaben tagesgenau wieder. Eine Notiz mit der nächsten konkreten Aufgabe auf dem vor Ihnen liegenden Brief hilft Ihnen, schnell in den Vorgang hineinzufinden und den Überblick zu behalten. Schreiben Sie immer an die gleiche Stelle, zum Beispiel oben rechts. Mögen Sie keine handschriftlichen Notizen auf Originalen? Dann nutzen Sie eine Haftnotiz.

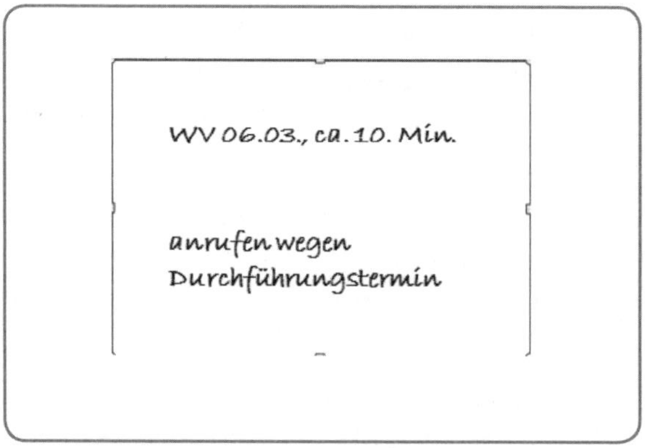

Abbildung 9: Haftnotiz

Jetzt tragen Sie die Aufgabe nur noch in Ihre Aufgabenliste ein und legen das Schriftgut in Ihre Tageswiedervorlage. Machen Sie das so lange, bis keine Stapel und keine Zettel mehr auf Ihrem Schreibtisch und in Ihrer Umgebung sind.

Sie benötigen diese Aufgabenliste für die Tages-, Wochen- oder Monatsplanung. Nur wenn Sie alle Aufgaben im Überblick haben, gelingt es, Prioritäten (Näheres auch am fünften Tag) zu setzen.

16. Wie vermeide ich es, mich ständig zu verzetteln?

Aufgabenlisten unterstützen Sie auch beim Nein zur Multitasking-Falle oder zum Aufgaben-Zapping. Multitasking ist eher ein Mythos, denn faktisch arbeitet selbst der Computer Aufgaben nacheinander ab. Schauen wir uns Berta Blümchen bei ihrer Arbeit an. Gerade beantwortet sie eine E-Mail, da ruft ihr Chef an: „Machen Sie bitte einen Termin mit Herrn Lackmann für nächste Woche aus." Gerade aufgelegt, betritt ein Kollege das Büro: „Papierstau am Kopierer, könnten Sie mal kurz …". Zurück am Schreibtisch blinkt ein Briefumschlagsymbol – drei neue E-Mails warten. Berta beantwortet gerade eine der E-Mails mal schnell zwischendurch, da klingelt das Telefon und ihr Chef sucht das Protokoll der letzten Sitzung. Kommt Ihnen so ein Tagesablauf bekannt vor? Ständiges Wechseln der Tätigkeiten verlangsamt den Arbeitsprozess. Die Konzentration auf eine Aufgabe muss jedes Mal neu aufgebaut werden.

Die Arbeitseffizienz vieler Berufstätiger sinkt, wenn sie extrem viel auf einmal anpacken, belegt eine Reihe wissenschaftlicher Studien.[2]

Machen Sie sich die Vorteile des Arbeitens mit Aufgabenlisten bewusst:

1. **Dokumentation und Überblick:** Die Aufgabenliste hilft Ihnen, genau zu benennen, woran Sie arbeiten und wo es durchaus auch enge Zeitabschnitte gibt. Damit ist es für Sie möglich, Aufgaben bewusst abzuwählen: „Welche dieser Aufgaben kann jemand anders machen … Welche dieser Aufgaben kann verschoben werden, damit ich DIESE andere Aufgabe erledigen kann?" Mit Aufgabenlisten konzentrieren Sie sich auf die Erfüllung und lassen sich nicht so schnell ablenken.
2. **Selbstmotivation:** Mit einem Blick sehen Sie Ihre erledigten Aufgaben. Etwas erledigt zu haben, ist ein gutes Gefühl. Das Prinzip Schriftlichkeit schafft einen psychologischen Effekt zur Selbstmotivation. Durch zielorientiertes und straffes Befolgen des Tagespensums unterstützen Sie sich selbst beim systematischen Arbeiten.

---

2   U. a. von Yuhong Jiang an der amerikanischen Harvard-Universität.

3. **Ergebniskontrolle / Vollständigkeit:** Sie vergessen keine Aufgaben.
4. **Abschalten können:** Die am Ende eines Arbeitstages vorbereitete Aufgabenliste für den nächsten Tag verhindert, dass Sie Arbeit „im Geiste" mit nach Hause nehmen, nachts aufstehen und Haftnotizen über Ihrem Bett verbreiten.

17. Wie schaffe ich es, die Zeiten einzuhalten?

Wollen Sie lieber agieren oder reagieren? Mit der Aufgabenliste über den PC ist beides möglich. Setzen Sie Erinnerungsfunktionen für Aufgaben und Termine ein. So rufen Sie wirklich um 10:00 Uhr bei Ihrem Kunden an, bevor die Mittagspause dazwischenkommt. Auch Ihr Mobiltelefon ist unterwegs ein guter Impulsgeber. Synchronisieren Sie dazu Ihre Aufgabenlisten mit dem Mobiltelefon.

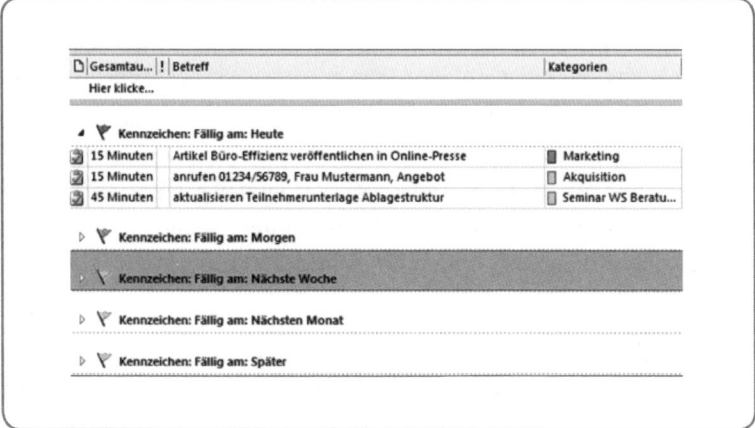

Abbildung 10: Aufgabenübersicht in Outlook

Outlook-Tipp: E-Mails können schnell in eine Aufgabe umgewandelt werden. Halten Sie dafür im Posteingang Ihre E-Mail fest und ziehen Sie sie auf *Aufgaben*. Ein Fenster öffnet sich und Sie finden den Aufgabenbetreff ausgefüllt vor. Es ist der Betreff der E-Mail, den sie in dieser Ansicht ändern können.

Alle Aufgaben des Tages erledigt?

- Ich kenne meine Antreiber und habe Erlaubenssätze formuliert
- Ich bin mir über meine Aufschiebe- und Vermeidungsstrategien im Klaren
- Ich portioniere die Tageskröte in Teilziele
- Ich setze mein Wiedervorlagesystem ein
- Statt Zettel nutze ich eine Master-Aufgabenliste (Notizbuch, Outlook, Word- oder Excel-Datei)

5. Tag | Tages-, Wochen- und Monatsplanung, was ist sinnvoll?

Diese Frage beinhaltet eine Wertung. Ob Sie sie mit „sinnvoll" oder mit Adjektiven wie „effizient", „effektiv" stellen, hat immer etwas mit Ihren Werten und Zielen zu tun.

Vielleicht erinnern Sie sich an die Stelle im Märchen „Alice im Wunderland", wo Alice die Katze fragt: „Würdest du mir bitte sagen, wie ich von hier aus weitergehen soll?" „Das hängt zum größten Teil davon ab, wohin du möchtest", sagte die Katze. „Ach, wohin ist mir eigentlich gleich ...", sagte Alice. „Dann ist es auch egal, wie du weitergehst", sagte die Katze.[3]

Wer klare Ziele hat, hat auch klare Prioritäten. Kennen Sie Ihre beruflichen Ziele für das nächste halbe Jahr, die nächsten zwei oder zehn Jahre? Ziele sind unser Kompass im Umgang mit der Zeit. Stimmt die Richtung, wenn ich in das Abarbeiten meiner E-Mails täglich drei Stunden investiere?

Sehen wir uns kurz ein nach „SMART"-Kriterien wohlformuliertes Ziel an. Dabei steht das „S" für spezifisch, für das, was Sie hören, sehen, machen oder fühlen, gehirngerecht ohne das Wort „nicht" und ohne Vergleich formuliert. Hier ein Beispiel: „An D-Tagen (dienstags und donnerstags) verlasse ich das Büro pünktlich um 16:00 Uhr."

Ob ich mein Ziel erreiche, ist „M" messbar. Diese Teilziele sind beispielsweise erreicht: vor der Mittagspause sind die dringenden Aufgaben erledigt, bis 14:00 Uhr ist mein Posteingang leer, um 15:30 Uhr ist meine Aufgabenliste für den nächsten Tag erstellt, um 16:00 Uhr sieht mich niemand mehr im Büro.

Das Ziel pünktlicher Feierabend ist „A" attraktiv für mich, denn ich habe Zeit für Sport, Shopping, Weiterbildung, Lieblingsmenschen ... Das Ziel motiviert mich, dadurch erfüllen sich schöne Vorhaben, das Ziel fordert mich heraus.

Da ein Ziel selten von alleine zu mir kommt, plane ich „R" realistische Schritte zur Zielerreichung. Einerseits erfordert dies ein hohes Maß an Selbstdisziplin (Disziplin ist das Tor zur Freiheit, es lohnt sich!). Andererseits bin ich auch auf mein soziales Umfeld angewiesen. Daher bespreche ich mein Vorhaben am TT.MM.JJJJ mit meinem Vorgesetzten, informiere Kollegen am TT.MM.JJJJ, nutze ein Türschild für unterbrechungsfreie Arbeitszeit, stelle mein Telefon ab hh:mm Uhr auf Anrufbeant-

---

3   Lewis Carroll, Alice im Wunderland.

worter, kommuniziere meine Erreichbarkeit ... Richtig losgehen soll es mit meinem Ziel am TT.MM.JJJJ. Hier legen Sie jetzt den Termin „T" fest.

Ob selbstständig oder Arbeitnehmer, Berufs- und Lebensziele in Einklang zu bringen ist eine Herausforderung. Einerseits locken spontane Aktivitäten wie „schnell mal bei ... vorbeifahren" und „nur mal kurz Urlaubsziele recherchieren". Andererseits verbringen Sie, mit den Augen der Familienangehörigen betrachtet, den ganzen Tag in Ihrem Büro. Die Entscheidung, wie verantwortlich Sie mit Ihrem Zeiteinsatz und -verbrauch umgehen, liegt bei Ihnen. Eine „Tüte" Zeit können Sie nicht nachkaufen. Legen Sie fest:

- Von wann bis wann ist meine Arbeits- und Pausenzeit?
- Wie viele Stunden werde ich heute für meine Arbeit investieren?
- Wann verlasse ich das Büro heute?
- Was nehme ich mir Schönes für den Feierabend vor?

Tragen Sie Ihre Büro-/Arbeitszeiten fest im Kalender ein, ebenso Ihre privaten Termine. Das hilft Ihnen, Zeit für Privates, Zeit für sich selbst freizuhalten. Jetzt haben Sie schon einmal den Zeitrahmen, der für Ihre Tagesplanung wichtig ist.

18. Wie viel Zeit verplane ich für Aufgaben des nächsten Tages?

Berta Blümchen arbeitet täglich länger als acht Stunden. Das hat sich irgendwie so ergeben. Nicht nur sie bleibt länger, auch ihre Kollegen. Niemand verlässt schon um 16:30 Uhr das Büro. Innerlich läuft das Programm: der Tag ist lang, endet ohne konkrete Uhrzeit und ich kann mir viel vornehmen.

Rechnen Sie die Preis-Etiketten Ihrer Tagesaufgaben zusammen. Wie viel Stunden und Minuten kommen dabei heraus? Haben Sie auch ein Preis-Etikett für die Unterbrechungen (Besucher, Telefon, neue E-Mails, neue Aufgaben, ...) eingerechnet?

Nach der 60/40-Zeitmanagement-Regel gilt: 60 % Ihrer Arbeitszeit verplanen Sie aktiv mit festgelegten Aufgaben. Die restlichen 40 % fallen den vielen Unterbrechungen zum Opfer. Sie unterteilen sich in 20 % Pufferzeit für Unerwartetes/nicht Planbares und 20 % für Spontanes/frei bestimmte Zeit. Sie planen also bei einem Acht-Stunden-Tag fünf Stunden Zeit fest für konkrete Aufgaben, Termine, Projekte, Telefonate ein. Die übrigen drei Stunden sind Ihr Puffer. Nicht schummeln und die Überstunden gleich mit in die 60 %-Regel einbeziehen! Addieren Sie jetzt bitte einmal die Zeit-Preis-Etiketten aller Einzelaufgaben in Ihrer Aufgabenliste. Wie hoch ist der Gesamt-Preis Ihres Tages? Stimmt der prozentuale Anteil?

19. Wie lange darf eine Aufgabe dauern?

Eine Aufgabe dehnt sich von der Zeit immer auf das aus, was Sie ihr zur Verfügung stellen. Eine Großmutter, die eine Geburtstagskarte für den Enkel kauft, verbraucht möglicherweise den halben Tag dafür. Beginnen Sie keine Aufgabe, ohne sich vorher ein Zeit-Limit zu setzen.

Wissen Sie, wie viel Zeit Sie für die Bearbeitung Ihrer E-Mails ausgeben, also wie teuer eine E-Mail ist? Kommt auf die E-Mail an, werden Sie sagen. Dabei spielt einerseits die Komplexität der zu beantwortenden Fragen eine Rolle. Möglicherweise lässt sich die E-Mail mit einem Anruf beantworten und Sie senden eine Zusammenfassung des Telefonats kurz zur Bestätigung hinterher. Andererseits gilt es, auch E-Mails kurz und prägnant zu formulieren, denn wer hat schon Zeit, lange E-Mails zu schreiben oder auch zu lesen. Am achten Tag werden Sie hilfreiche Einleitungen finden.

Notieren Sie die geschätzte Arbeitszeit für Ihre Aufgaben immer in Ihrer Aufgabenliste. Ja, Sie vergeben einen Preis, ein Zeit-Etikett. Wenn Sie sich viel Zeit für eine Aufgabe nehmen, werden Sie die Zeit auch voll ausnutzen. Schätzen Sie den Zeitaufwand, stellen Sie sich eine Erinnerungsfunktion fünf Minuten vor Ablauf der Zeitspanne ein. Sie werden besonders motiviert sein, die Aufgabe in der vorgegebenen Zeit zu schaffen.

Kontinuierlich werden Sie sicherer im Einschätzen des Zeitumfangs. Wenn Sie merken, dass Sie nicht auskommen, führen Sie ein Zeitprotokoll:

Das will ich erreichen	Beginn um	Soll fertig sein um	Tatsächlich fertig um	Wichtigster Grund für Abweichung
Angebot Beck	09:30	09:50	10:15	Aufwand individuelle Formulierung
Mittagspause	12:30	13:00	13:30	Nicht Nein-Sagen-können bei Anruf von Berta
...				

20. Wie komme ich mit meiner Zeit besser aus, wie setze ich Prioritäten?

Berta Blümchen ist immer ganz erstaunt, was Frieda Freudensprung nach ihrem Feierabend noch alles macht. Joggen gehen, zu einem Vortrag fahren, sich mit Freunden treffen, jeden Abend etwas anderes. Das wäre für Berta alles viel zu viel, sie würde sich mit dieser Termindichte nicht wohlfühlen.

Frieda ist sich im Klaren darüber, was ihr im Leben wichtig ist, z. B. körperliche Fitness, Geselligkeit und Weiterbildung. Sie hat klare Ziele und gestaltet ihre Zeit aktiv mit dem, was ihr wichtig ist. Sie agiert, statt nur zu reagieren.

Machen Sie sich Gedanken darüber, was Ihnen beruflich und privat wichtig ist. „Ich habe keine Zeit!" Wann haben Sie das zuletzt gesagt? Sicher war Ihnen in diesem Moment etwas anderes wichtiger. Was war das? Ehrlicher wäre doch der Satz „Dafür habe ich keine Zeit!". Dieser Satz macht einen Unterschied. Sie haben sich nämlich entschieden, etwas anderes wichtiger zu finden. Damit setzen sie selbst Prioritäten für Ihre Aufgaben. Sie bekennen, dass Sie mit Ihrer Zeit richtig umgehen.

Mit der Feststellung „Ich habe mich dafür entschieden, dass ... wichtiger ist!" orientieren Sie sich stärker an Ihren Werten und Zielen. Dann haben Sie eher für alles Wichtige Zeit. Vielleicht werden Sie auch feststellen, dass die Fülle der Aufgaben weiteres Personal erforderlich macht.

21. Woran erkenne ich den Unterschied zwischen dringend und wichtig?

Es gibt Aufgaben, die zeitlich dringend sind, z. B. das Telefon in diesem Moment abzunehmen, da es gerade klingelt. Dass Sie Ihre Steuertermine einhalten, ist ebenfalls zeitlich dringend. Zeitlich dringend bedeutet, die Erledigung ist an einen Termin gebunden und meist durch andere veranlasst. Dabei stehen die Termine meist lange genug im Voraus fest. Auch Weihnachten ist so ein lange bekannter Termin und löst doch bei vielen Menschen großen Einkaufsstress aus.

Daneben gibt es Aufgaben, die inhaltlich wichtig sind, z. B. Ihre Weiterbildung, Marketing-Aktivitäten. Kümmern Sie sich um die inhaltlich wichtigen Aufgaben nicht, weil immer das Tagesgeschäft Ihr Tun diktiert, verschlechtert sich Ihre Marktposition.

„Das Geheimnis der Zeit, des Zeithabens ist, dass wir uns bewusst sind, dass wir mit Begrenzung leben. Wir müssen in dieser Begrenztheit Wesentliches von Unwesentlichem unterscheiden. Dann haben wir für alles Wichtige Zeit."[4]

In unserer Gesellschaft herrscht der Dringlichkeitswahn. Nur mit einem Aufgaben-Überblick ist das Setzen von Prioritäten möglich. Vielleicht ist auch einiges hausgemacht und selbstverursacht dringlich. Fragen Sie sich:

- Neige ich dazu, von einer dringenden Aufgabe zur nächsten zu eilen?
- Bleiben die wirklich wichtigen Aufgaben dadurch liegen?
- Habe ich eine Aktivitätenliste mit Zuordnung der Prioritäten[5]?
- Welche Aufgaben kann ein anderer erledigen?
- Wo kann ich Ballast abwerfen?

Heute haben Sie sich vorgenommen, bis zu einer bestimmten Uhrzeit zu arbeiten. Stellen Sie sich die entscheidende Frage: Wie kann ich meine Zeit effizient nutzen? Steigen Sie aus Ihren Gewohnheiten, Ihrer Komfortzone aus – kein: „Ja, mach' ich später!" Ihre Arbeit muss zielorientiert (klar, präzise, messbar) sein! Das bedeutet, die richtigen Dinge zur richtigen Zeit richtig tun! „Disziplin ist das Tor zur Freiheit!"

Angenommen, Sie hätten jetzt gerade für morgen eine Reise nach Hawaii gewonnen. Bis zum Abflug haben Sie nur noch wenige Stunden Zeit, Aufgaben zu erledigen. Welche wählen Sie aus? Welche an zweiter und an dritter Stelle? Welche planen Sie für später ein, welche delegieren Sie, welche ignorieren Sie? Denken Sie häufiger pro Tag: Hawaii! Das hilft Ihnen zu differenzieren, welche Aufgaben Sie generell delegieren werden.

Nach dem US-Präsidenten Dwight D. Eisenhower werden A-, B- und C-Kategorien für Aufgaben vergeben. A steht dabei für inhaltlich wichtige und zeitlich dringende Arbeiten, die sofort zu erledigen sind. In die B-Kategorie fallen inhaltlich wichtige Aufgaben, wie Budget-Planung, Strategien. Aufgaben der C-Kategorie sind delegierbar, Sie können diese zeitlich verschieben, ignorieren oder auslagern, z. B. die Umsatzsteuererklärung durch den Steuerberater erstellen lassen.

„Es geht nicht darum, Prioritäten für Termine zu setzen, sondern Termine für Prioritäten!"[6] Erledigen Sie die Aufgabe mit der höchsten Priorität gleich am Morgen. Stellen Sie sich die Fragen: Was will ich heute erreichen? Und was muss ich dazu anpacken?

---

4   Götz Werner, Inhaber der dm-Drogeriemarktkette im Interview mit Deutschlandradio Berlin.

5   Das Wort Priorität kommt aus dem Lateinischen und bedeutet Stellenwert. Priorisieren kann mit „vorrangig behandeln" bzw. „einer Sache den Vorrang geben" übersetzt werden.

6   Zitat von Stephen R. Covey.

Wichtig?   Diese Frage ist abhängig von Ihrem Ziel.

Dringend?   Diese Frage ist abhängig vom Termin und der einzusetzenden Zeit.

22. Muss ich wirklich alles selbst erledigen?

„Bevor ich das jemandem erkläre, habe ich es selbst schnell erledigt!" Das mag für die Aufgabe jetzt und heute gelten, doch lohnt sich Delegieren langfristig schon. Welche Arbeiten könnten das sein?

Nach dem Eisenhower-Prinzip kennen Sie jetzt die Kategorie der C-Aufgaben: zeitlich dringend, aber nicht wichtig. Routineaufgaben wie das Telefonieren finden sich in dieser Kategorie. Delegieren Sie die Telefonate an Ihren Anrufbeantworter. Nutzen Sie unterschiedliche Ansagetexte. Einer für Ihre unterbrechungsfreie Arbeitszeit könnte lauten „Gerne rufe ich Sie in etwa einer Stunde zurück" oder „Sie erreichen mich heute ab 15:00 Uhr wieder". Stimmen Sie sich mit Kollegen ab. Nimmt Ihr Kollege für eine Stunde Ihre Anrufe entgegen, gleichen Sie diesen Gefallen zu einer späteren Zeit wieder aus. Vielleicht dürfen Sie Ihr Telefon auch auf die Zentrale des Unternehmens umleiten oder Sie nutzen einen Sekretariatsservice, für den eine überschaubare Grundgebühr zuzüglich Anrufzeit anfällt. Wenn Delegieren nichts kosten darf, dann zeigen Sie anderen, dass Sie ihnen Aufgaben zutrauen, z.B. Ihren erwachsenen Kindern. Von meinen Kindern erwarte ich nicht, dass sie mir gerne helfen – ich erwarte einfach, dass sie es tun.

Checkliste Delegation

- Sind Sie davon überzeugt, dass Delegation für Sie vor allem Vorteile hat?
- Haben Sie einen Überblick über anstehende, delegierbare Aufgaben?
- Besitzt die Person, die die Aufgabe übernehmen soll, die Fähigkeiten und Kompetenzen für die Erledigung?
- Ist das Ziel der Aufgabe klar, sind Zwischenziele festgelegt?
- Sind die Voraussetzungen und Rahmenbedingungen gegeben?
- Hat die Person, die die Aufgabe erledigen soll, die nötigen Informationen, kennt sie den größeren Gesamtzusammenhang der Aufgabe?
- Ist deutlich, wer bei Rücksprachen oder Schwierigkeiten Ansprechpartner ist?
- Ist das Erledigungsdatum klar?

Wenn Sie delegieren, ist es wichtig, die Aufgabenerfüllung zu kontrollieren und eine Rückmeldung zu geben.

- Wurde die Aufgabe erledigt?
- Fiel es der Person leicht oder schwer, die Aufgabe zu erledigen?
- Was hat gefehlt?
- Sind Dinge aufgefallen, die in Zukunft die Aufgabe schneller, einfacher, effektiver erledigen lassen?
- Haben Sie die Person, die die Aufgabe erfüllte, gelobt?

> **Outlook-Tipp:** Wenn Sie Aufgaben über Outlook (Aufgabe erfassen und auf Zuordnen klicken) versenden, haben Sie eine gute Übersicht delegierter Aufgaben und deren Erledigungsstand gleich an Ihrem Rechner.

23. Wie plane ich meinen Arbeitstag?

Am Ende Ihres Arbeitstages planen Sie den nächsten schon vor. So wissen Sie gleich zu Tagesbeginn, welche Aufgaben Sie zuerst erledigen. Als Arbeitshilfe unterstützt Sie Ihre Aufgabenliste. Diese erweitern Sie jetzt um die Spalte Priorität.

1. **Überblick verschaffen:**

Welche Aufgaben mit Priorität A und B stehen morgen an?

Prio	Was	Dauer?
A	Anruf Berta Blümchen wegen Terminverschiebung	ca. 10 Min.
B	Recherche Adressverwaltung	ca. 30 Min.
	...	

Welche Routineaufgaben werde ich morgen erledigen oder delegieren?

Prio	Was	Dauer?
C	Motiv Glückwunschkarten recherchieren	ca. 20 Min.
C	Produktflyer prüfen / anpassen	ca. 30 Min.

2. **Ziele formulieren:** Diese *drei* Ziele erreiche ich morgen:

   Ziel 1: ....

   Ziel 2: ....

   Ziel 3: ....

3. **Zeitaufwand schätzen:**

Für Termine eingetragene Stunden inklusive Wegezeiten	.... Std.
Für Tagesziele notwendige Stunden	.... Std.
Für E-Mails, Telefon, Unterbrechungen benötigte Zeit	.... Std.
Für Pausen reservierte Zeit	.... Std.
Für Unvorhergesehenes / Spontanes reservierte Stunden	.... Std.

Jetzt ist Ihr Tagesplan fertig. Vielleicht hilft Ihnen eine Überschrift: „Diese Erfolge will ich heute erreichen!"?

24. Wie plane ich meine Woche?

Wenden wir uns Ihrer Wochenplanung zu. Rituale geben Stabilität und Zeitsouveränität. So könnten Sie es zur Gewohnheit werden lassen, an M-Tagen (Montag, Mittwoch) bestimmte Aufgaben durchzuführen. Dafür eignen sich wiederkehrende Tätigkeiten wie z. B. Akquise, Ablage oder Abrechnung. Bündeln Sie beispielsweise Ihre Akquisitions- oder Marketingaktivitäten an D-Tagen, also immer dienstags und donnerstags. Diese Rituale helfen Ihnen, wiederkehrende Aufgaben an einem konkreten Tag abzuarbeiten. Ja, Sie lassen jetzt auch eher etwas bewusst liegen, denn Sie wissen, diese Aufgabe bearbeiten Sie standardmäßig am nächsten Tag.

Freitag ist Freu-Tag, da beginnt das Wochenende. Zeit, Ihre persönlichen Akkus aufzuladen und die Arbeitswelt hinter sich zu lassen. Planen Sie freitags Ihre kommende Arbeitswoche. Auswärtstermine machen An- und Abreisen erforderlich, Zeiten, in denen Sie Ihre „Lesemappe" mitnehmen. Welche Aufgaben lassen sich mit der Salami-Taktik portionieren? Berücksichtigen Sie bei der Wochenplanung auch Ihre verschiedenen „Hüte und Rollen" (siehe neunter Tag). Für Ihre Tätigkeit als Vorstandsmitglied, für Ihre Lieblingsmenschen, Freunde oder Sport heißt es Zeit frei halten.

25. Was ist für die Monats- und Jahresplanung wichtig?

Wie viele Arbeitstage stehen Ihnen diesen und die nächsten Monate zur Verfügung?
Planen Sie monatsweise, wenn es um größere Projekte geht. Tragen Sie Schulferien,
Feiertage und Brückentage ein. Notieren Sie schon im Voraus wiederkehrende Ereignisse (Reifenwechsel, TÜV), Abgabetermine und Fristen. Angelehnt an Ihre Ziele und Strategien für das nächste Jahr, sind Mitarbeiterauslastung, Budgetplanung
oder Lebens- und Karriereziele wichtige Aspekte Ihres Jahresplans. Wann werden
Sie Urlaub machen? Dabei zielt diese Frage auf Sie als Mitarbeiter und als Familien-
mitglied, Partner und Freund. Je nach betrachteter Rolle ergeben sich auch besondere Ereignisse.

Jahr	mein Alter	Alter von Bezugspersonen				besondere Ereignisse
		Re.	Na.	Ke.	Ru.	
2012						
2013						
2014						
2015						
2016						
2017						
2018						
2019						
2020						
2021						
2022						

Alle Aufgaben des Tages erledigt?

- Ich habe Aufgaben gebündelt und feste Zeiten je Paket eingeplant
- Ich arbeite mit dem Zeit-Preis-Etikett
- Ich verplane nur 60 % meiner Arbeitszeit pro Tag
- Ich denke häufiger an „Hawaii" und unterscheide zwischen dringend und wichtig
- Ich habe eine Übersicht delegierbarer Aufgaben mit Zuständigkeiten
- Ich lege Tagesziele fest
- Ich nutze Arbeitshilfen zur Tagesplanung
- Ich setze einen Wochen-, Monats- und Jahresplan ein

6. Tag | Wie erhalte ich mir einen aufgeräumten Schreibtisch?

> **Grundregel Schreibtisch:** Optische Störungen sind auch Störungen! Schauen wir uns den Kabelsalat auf oder unter Ihrem Schreibtisch an. Viel angenehmer für Säuberungsaktionen ist das Verpacken in einem Kabelschlauch bzw. Bündeln mit Kabelbindern oder Klettband. Beschriften Sie die Kabelenden mit einem Etikett, das Sie quer um das Kabel herumkleben. Eine Ordnungshilfe bieten Boxen speziell für Stromsteckerleisten, die an der Schreibtischunterseite befestigt werden. Sieht doch gleich viel ansprechender aus.

Teilen Sie den Schreibtisch in verschiedene Bereiche ein:

Zone 1 – Greifbereich

Bereich, den Sie mit angewinkelten Armen in einem Radius von ca. 30 cm erreichen. Hier liegen ständig gebrauchte Hilfsmittel.

Zone 2 – Reichbereich

Bereich für Telefon, Terminkalender und Gitterbox Ihrer Tagesaufgaben. Materialien wie

- 1 Stift je schwarz, blau, rot, grün
- 1 Bleistift
- Schere
- Büroklammern
- Textmarker gelb
- Post-its
- Heftklammern

liegen in der obersten Schublade Ihres Schreibtisches. In die zweite Schublade legen Sie eine rutschhemmende Unterlage für Heftgerät, Locher und Schere.

Zone 3 – Streckbereich

Bereich für die chaotische Zwischenablage und Wiedervorlage – Sie strecken Ihre Arme aus. Die chaotische Zwischenablage dient der Übergabe von Dokumenten. Sie können hier auch Ihre Eingangspost oder Tagesmappe ablegen, um sie zu einem festen Zeitpunkt zu bearbeiten. Die Brief- / Ablagekörbe sind sowohl im Hoch- als auch im Querformat erhältlich. Nutzen Sie maximal zwei Ablagekörbe mit Beschriftung: Eingang (Name), Ablage oder Buchungsbelege.

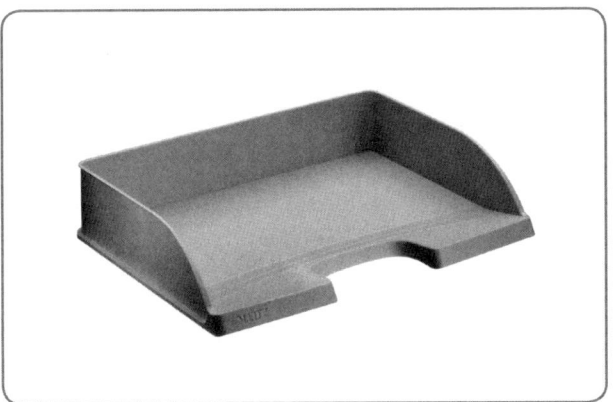

Abbildung 11: Ablagekorb

Zone 4 – Holbereich
Bereich für Regale, halbhohe Wandschränke – Sie stehen auf.

26. Arbeiten ohne Stapel – wie mache ich das?

Die positive Absicht eines „Stapel-Arbeiters" ist, nichts zu vergessen. „Das mache ich später. Auf jeden Fall heute. Ich leg' mir das mal hier hin, dann sehe ich es und weiß, dass ich es fertigstelle!" Meist bleibt es nicht bei der einen Aufgabe oder einer Sache, an die gedacht werden soll. Schon entstehen viele herumliegende Aufträge. Jede herumliegende Information bindet im Gehirn je eine Aufmerksamkeitseinheit. Darunter leidet Ihre Konzentrationsfähigkeit und Sie verzetteln sich im wahrsten Sinne des Wortes.

„Aufschieben ist eine Sache, bei der Menschen nicht warten sie zu tun. Menschen warten nie etwas aufzuschieben."[7]

---

7 Zitat von Richard Bandler.

27. Mit welcher Technik komme ich aus dem Entscheidungsstau heraus?

Mit der Einmal-Regel als Arbeitstechnik sorgen Sie für stapelfreie Zonen. Diese Technik wenden Sie bitte auch auf den Posteingang Ihres E-Mail-Programms an. Nehmen Sie jede Information (Post, E-Mail ...) nur einmal zur Hand und entscheiden Sie nach vier Hauptfragen.

1. Kann die Information weggeworfen oder gelöscht werden?

Beispiel: Fachzeitschriften, Kataloge, unverlangtes Info-Material, keine Aufgabe mit Wichtigkeit oder Dringlichkeit. Sie entscheiden sich für ein Bearbeitungs-Nein. Falls ja, dann gleich weg damit. Falls nein, machen Sie weiter mit der nächsten Frage.

2. Kann die Information weitergeleitet / delegiert werden?

Beispiel: zuständig ist mein Kollege. Falls ja, prima, gleich weiterleiten. Falls nein, nächste Frage.

3. Gehört diese Information in die Ablage?

Gibt es einen gesetzlichen oder internen Aufbewahrungsgrund? Falls ja, gleich ablegen (je nach Posteingangsvolumen alphabetischen Pultordner zur Vorsortierung nutzen). Falls nein, nächste Frage

4. Wie lange dauert die Erledigung?

Dauert die Bearbeitung maximal drei Minuten? Dann erledigen Sie die Aufgabe nach dem Direktprinzip sofort. Außer es handelt sich um viele kleine Drei-Minuten-Aufträge – diese sollten Sie dann eher bündeln und an einem Stück abarbeiten. Dauert es länger als drei Minuten? Dann notieren Sie den nächsten kleinen Bearbeitungsschritt, z. B. anrufen, E-Mail schreiben, nachfragen bei ... auf dem Schriftstück. Nutzen Sie für Ihre Notizen immer dieselbe Stelle Ihres Dokumentes, beispielsweise oben rechts in der Ecke. Kleine Post-its schonen Originale. Tragen Sie die Aufgabe in Ihre Masterliste, z. B. die Outlook-Aufgabenverwaltung, ein. Damit die Aufgabenliste aussagefähig ist und eine Planungsgrundlage bietet, schätzen Sie die Bearbeitungsdauer (z. B. 10 Minuten + Puffer), finden Sie einen Bearbeitungstermin (Blick in den Kalender), legen Sie das Schreiben in die Wiedervorlage bzw. schieben Sie die E-Mail in Ihre Aufgabenliste.

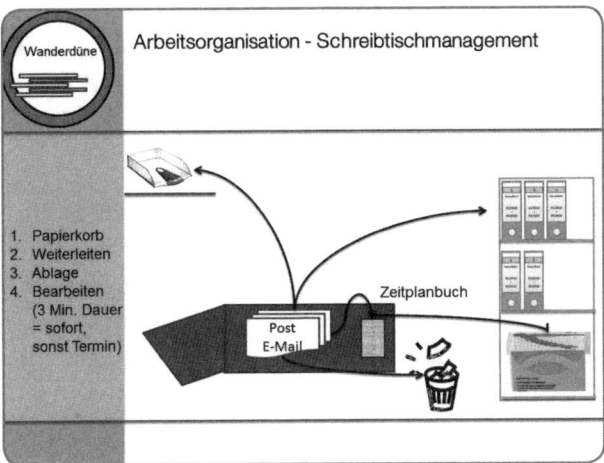

Abbildung 12: Anwendung der Einmal-Regel

Alle Aufgaben des Tages erledigt?

- Arbeitsplatz wurde in Bereiche eingeteilt
- Schreibtisch verfügt über Standardausstattung
- Einmal-Regel wird angewandt

7. Tag | Bermudadreieck PC, ein für andere unsichtbares Chaos?

Bürozeitvertreib Nummer eins ist immer noch das Suchen. Ob Papier oder Datei – etwas Schwund ist immer. Eine Lösung besonders für Projekt- und Teamarbeit bietet Microsoft SharePoint 2010. Schnelles Finden und Zugriff auf Dateien in einer verteilten Umgebung, gemeinsames Arbeiten an Dokumenten ohne innerbetrieblich Dateien zu versenden und Mobilitätskonzepte mit Smartphone-Einsatz steigern die Produktivität.

Ohne SharePoint oder Dokumentenmanagementsystem sind Sie auf eine gute Dateiorganisation angewiesen. Entwickeln Sie diese zusammen mit Ihren Kollegen und legen Sie die Ordner-Benennung fest. So, wie es in einer gemeinsamen Kaffeeküche Grundregeln gibt, bedarf es dieser auch in einer funktionierenden Dateiablage für mehrere Beteiligte.

28. Wie erarbeite ich eine Ablagestruktur für den PC?

Eine Grundregel lautet: Reduzieren Sie die Anzahl der Ordner auf der ersten Ebene Ihrer Dateistruktur auf zehn. Haben Sie mehr als zehn, gibt es zwei Zeitfresser. Den einen bei dem Versuch, eine Datei im richtigen Ordner zu finden, und den anderen, wenn Sie eine neue Datei speichern wollen. Besonders beim Speichern besteht die Gefahr, zusätzliche Ordner zu bestehenden anzulegen oder die Datei einfach an einer anderen Stelle „übergangsweise" abzulegen. Es soll ja immer alles schnell gehen.

Dateien sollten von allen Beteiligten ohne Nachfragen erreichbar sein. Wem nützen Dateien auf dem Home-Laufwerk oder, schlimmer noch, wenn jeder lokal speichert? Schließlich haben wir es nicht mit „meinen" oder „deinen" Dateien zu tun – sie müssen allen am Prozess Beteiligten zugänglich sein. Lokales Speichern birgt das Risiko des Datenverlustes (Hardware-Defekt, Diebstahl des PCs).

Arbeiten mehrere Beteiligte auf einem Server, ist die Aktualisierung der Dateistruktur eine gemeinsame Aufgabe. Es muss Einigkeit über Zugriffsrechte, Dateipfad, Benennung und Aufbewahrungszeitraum bestehen. Sonst kocht jeder weiter „sein eigenes Süppchen". Sensible Daten erfordern besondere Sicherheitsmaßnahmen. So muss ein Dateisystem, mit dem viele arbeiten, ausgeklügelt sein. Sprechen Sie einen IT-Fachmann zur Umsetzung einer Zugriffshierarchie an.

Bringen Sie das Thema Server-Dateistruktur in die nächste Besprechung zu Einsparpotenzialen ein. Die Windows-Ablage anzupassen ist wie ein kleines Projekt, das einen Projektleiter, Projektmitglieder und Meilensteine benötigt. Unterstützung durch Moderation und Tipps bieten auch externe Berater.

Arbeiten Sie unabhängig von anderen Beteiligten, bietet Ihnen Ihr aufgeräumter Schrank einen Ansatz für die Dateistruktur. Übernehmen Sie die erarbeitete Hauptstruktur Ihrer Schrankordner vom dritten Tag und führen Sie die Nummer der Hauptkategorie mit. Statt der alphabetischen Sortierung bleiben Ihre Ordner durch die Nummer jetzt immer an derselben Stelle verfügbar.

Aus dieser Hauptstruktur entwickeln Sie einen PC-Ablageplan. Hier ein Beispiel:

1 – Buchhaltung/ Personal	1.1 Buchhaltung	1.1.1 Kontoauszüge
		1.1.2 Kunden-
		        rechnungen
		1.1.3 Lieferanten-
		        rechnungen
		1.1.4 Umsatzsteuer	

	1.2 Personal	Name Mitarbeiter	1.2.1 Stellen- beschreibung 1.2.2 Arbeitsvertrag ...
2 – Marketing	2.1 Logos, Fotos 2.2 Homepage 2.3 Presse 2.4 Printwerbung 2.5 O-Töne		

3 – Artikel/ Produkte	(Muster)
	3.1 Büro-Effizienz
	3.2 Infoflut
	        bewältigen
	3.3 Ablagestruktur
	3.4 PC-Trainings
	3.5 Zeitmanagement
	3.6 Moderne
	        Korrespondenz
	...
		1 – Visualisierungen
		2 – Teilnehmer-
		        unterlagen
		3 – Seminar-
		        durchführung
		4 – Neuheiten
		        einarbeiten	

4 – Interessenten			

5 – Kunden / Ko-operationen	(Vorlage Angebot) (Vorlage Protokoll) Name Kunde	5.1 Angebot 5.2 Auftrags- bestätigung 5.3 Besuchsberichte	
6 – Lieferanten	Name Lieferant	Angebot Vertrag	
7 – Anleitungen	Drucker Kopierer Mobiltelefone Software		

8 – Archiv / ab-geschlossene Vorgänge	1 – Buchhaltung /
	    Personal
	    (Jahreszahl)
	2 – Marketing
	    (Jahreszahl)
	3 – Artikel / Produkte
	    (Jahreszahl)
	…		

Schauen Sie sich die Gruppe 5 in der Übersicht noch einmal an. In diesem Beispiel finden Sie Benennungen in Klammern. Es kann hilfreich sein, Vorlagen gleich im entsprechenden Ordner zu verwalten. Dafür bietet es sich an, den Namen der Vorlage in Klammern zu schreiben. Im Dateisystem werden diese Dateien alphabetisch bedingt als erste Datei gelistet und sind dadurch schnell sicht- und nutzbar.

Standardisieren Sie den Aufbau von Ordnern. Das Anlegen eines Musters als „Dateibaum" wirkt wie die Checkliste beim nächsten Arbeitsablauf. Im vorgestellten Beispiel sind unter der Gruppe 3 Seminarthemen gelistet. Jedes Seminar hat Gemeinsamkeiten mit anderen, einerseits Vorlagen für Übersichten, Übungsblätter, Anleitungen, Trainerleitfaden und weitere. Andererseits laufen die gleichen Arbeitsschritte ab. Bevor das Seminar überhaupt stattfindet, beginnt alles mit Bildmaterialien, Erstellen der Teilnehmerunterlagen, Visualisierungen für den Seminartag und schließlich soll für kontinuierliche Aktualisierung ein Speicherort für einzuarbeitende Neuheiten verfügbar sein.

1 – Visualisierungen
2 – Seminarunterlagen
3 – Seminardurchführung
4 – Neuheiten einarbeiten

Aus den Gemeinsamkeiten ergibt sich für neue Seminarthemen ein Dateibaum, in dem gleich alle Vorlagen enthalten sind. Die Datei „Muster" wird kopiert, umbenannt und schon finden sich in den Ordnern unterstützende Dateien.

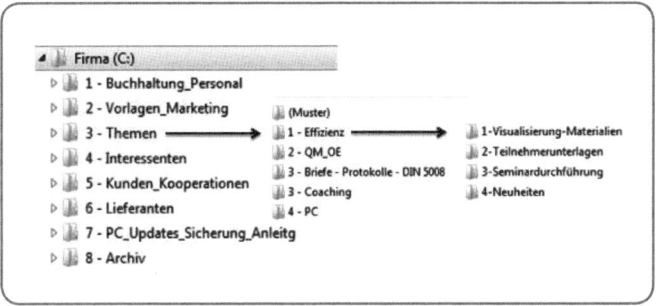

Abbildung 13: PC-Ablage laufend

29. Wie benenne ich Dateien?

Arbeiten Sie in einem Team, einigen Sie sich auf die Vergabe von Dateinamen nach einem bestimmten Aufbau. „Brief-Engels2" ist wenig aussagefähig. „2012-03-AG-Engels" lässt schon eher auf ein Angebot an Engels im März 2012 schließen. Durch Voranstellen der Jahreszahl und des Monats im Format JJJJ-MM lässt sich Suchzeit sparen. Außerdem gibt eine solche Benennung den Verlauf „Was bisher geschah ..." wieder, Informationen stehen zeitlich chronologisch zusammen. Das blockweise Archivieren oder Löschen von Dateien ist mit der Zeitzuordnung einfacher.

Durchgängig eingehalten, ohne Leerschritte oder Sonderzeichen, lassen sich diese Dateinamen auch verlinken. Statt innerbetrieblich Dateianhänge zu versenden, setzen Sie besser Hyperlinks ein. Davon haben sowohl der Versender als auch der Empfänger etwas: E-Mails mit kleinem Dateivolumen im Posteingang bzw. in den gesendeten Objekten und eine Datei am richtigen Speicherort statt eine originale und vielfach gespeicherte.

Jahresübergreifende Dateien lassen Sie mit einem Unterstrich beginnen, so stehen sie immer im oberen Bereich. Vorlagen oder Checklisten zum ständigen Gebrauch schreiben Sie in Klammern. Dadurch bleiben sie zusammen und werden vor den numerischen oder alphanumerischen Dateien gelistet.

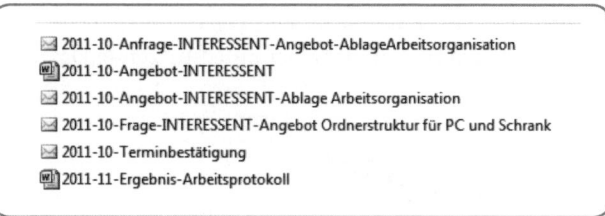

Abbildung 14: Dateinamen

30. Wie strukturiere ich meine E-Mails?

Bei dieser Frage hege ich die Befürchtung, Ihr E-Mail-Posteingang ist am Tagesende noch nicht leer. Vielleicht betrachten Sie Ihre E-Mails als Aufgaben-Erinnerung. Am neunten Tag beschäftigen wir uns mit einer anderen Lösung.

Für heute geht es darum, wichtige E-Mails aus Gründen der Dokumentation, gesetzlicher oder innerbetrieblicher Aufbewahrungspflicht einheitlich an einem bestimmten Ort zu speichern, nämlich auf dem Server laut Ihrem PC-Ablageplan. Das ist besser als eine eigene Ordnerstruktur im E-Mail-Programm (z. B. in Outlook) anzulegen. Sie kämen ja auch nicht auf die Idee, alle Briefe in Word, alle Tabellen in Excel zu speichern. Ein Zusammenführen von Vorgängen wäre dadurch nicht möglich.

Erleichtern Sie es sich und Ihren Kollegen. Speichern Sie auf dem Server alle relevanten E-Mails, auch Ihre gesendeten. So einfach speichern Sie E-Mails in der Dateistruktur auf Ihrem PC:

1. E-Mail mit Doppelklick öffnen
2. *Datei → Speichern unter* anklicken
3. Unten das Dateiformat ändern (Nachrichtenformat)
4. Name ändern (JJJJ-TT-knackiger Betreff)
5. Speicherort wählen
6. OK

31. Was mache ich mit alten Dateien?

Die am ersten Tag genannten Aufbewahrungsfristen gelten auch für den PC. Das heißt nicht, dass Sie Dateien zehn Jahre und mehr mit sich herumschleppen müssen. In Windows haben Sie die Möglichkeit der Volltextsuche. Wenn die Trefferliste auch abgeschlossene Vorgänge mit einschließt, wird es mühsam, aktuelle Dateien zu finden.

Verschieben oder archivieren Sie abgeschlossene Vorgänge, indem Sie den Anwendern das Aussortieren über die gleiche Dateistruktur leicht machen.

Abbildung 15: Synchrone Struktur für die PC-Ablage abgeschlossener Vorgänge

Schnitt – ab heute eine neue Dateistruktur: Öffnen Sie den Dateiexplorer. Legen Sie a) Ihre neue Struktur und b) einen Ordner mit Namen „Z-Aussortieren-Archiv" an. Verschieben Sie Ihre bisherigen Dateien in diesen Z-Ordner. Immer wenn Sie jetzt eine alte Datei benötigen, speichern Sie diese gleich in der neuen Struktur und mit neuem Namen ab. An der bisherigen Stelle wird sie gelöscht. Dieses Verfahren wenden Sie für die Dauer der nächsten sechs Monate an. Alle Dateien, die Sie bis dahin nicht genutzt haben, werden archiviert. Benennen Sie den Ordner dann in „Z-Archiv" um. Es kann eine Erleichterung sein, den Ordner auszulagern, um beispielsweise über die Suche mit Windows keine unnötigen falschen Treffer zu erzeugen.

Alle Aufgaben des Tages erledigt?

- Ein Aktenplan für Schrank und PC wurde entwickelt
- Die Hauptstruktur wurde am PC angelegt
- Bisherige Dateien liegen im Ordner „Z-Aussortieren-Archiv"
- Standard für Dateinamen wird umgesetzt

8. Tag | Wie werde ich schneller und wo lässt sich Zeit sparen?

Eine große Fehlerquelle und damit ein Zeitfresser ist das Nutzen alter Briefe, um einen neuen zu erstellen. Oft stimmen Datum, Ansprechpartner oder Anlagevermerke nicht. Das macht einen sehr unprofessionellen Eindruck auf den Empfänger. Sie arbeiten effizienter mit Vorlagen und Checklisten.

Die Vorteile von Checklisten sind, dass sie
- Ihren Kopf entlasten,
- für gleichbleibende Arbeitsergebnisse sorgen,
- Aufgaben auf andere delegierbar machen.

Checklisten dürfen auch bebildert sein. Erstellen Sie eine Foto-Anleitung zur Behebung des Papierstaus und legen Sie diese gleich am Kopierer aus. Einmal erstellt, laminiert und ausgehängt, trägt diese Arbeitshilfe zu weniger Unterbrechungen durch Nachfragen nach Zuständigen bei.

Textprogramme unterstützen Sie im Erstellen und Verwalten von Vorlagen für Briefe, Kurzbriefe, Etiketten, Telefaxe, Protokolle oder Checklisten. Die Funktion zum Aufruf vorhandener Vorlagen startet meist über das Menü *Datei* → *Neu*.

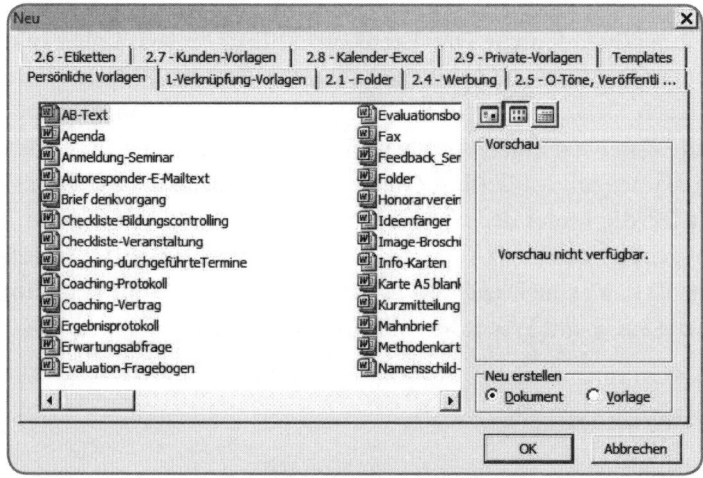

Abbildung 16: Dokumentvorlagen

32. Sind 100 % Perfektion immer nötig?

Es sind oft die kleinen Dinge, die Großes bewirken. Entwickeln Sie weitere Arbeits-hilfen mit großer Hebelwirkung. Wo erreichen Sie mit 20 % Arbeitsaufwand 80 % Ergebnis? Die 80/20-Regel wurde von Vilfredo Pareto (1848–1923) entdeckt. Es war ihm bewusst, dass die Gesamtzahl der täglich anfallenden Aufgaben, gemessen am eigentlichen Arbeitserfolg zu 20 % aus wichtigen und zu 80 % aus relativ nebensäch-lichen Aufgaben besteht. Allerdings tragen die wenigen wichtigen Aufgaben zu 80 % zum Arbeitserfolg bei.

Kostenbewusstes Handeln schließt das Abwägen von Aufwand und Erfolg ein. Wo sind auch 80 % Aufgabenerfüllung in Ordnung? Nehmen wir ein Beispiel: Sie erhal-ten einen Brief zur Beantwortung. Reicht eine kurze handschriftliche Notiz auf dem Brief aus, um ihn per Telefax zurückzusenden? Muss es wirklich ein neuer Brief mit allen Etappen von der Erfassung bis zum Versand per Post sein? Perfektion ist auf-wendiger. Brauchen Sie Perfektion?

Sehen wir uns das Pareto-Prinzip am Beispiel Besprechungen an. Diese bedeuten einerseits einen Zeitaufwand, andererseits bringen schon 20 % der Besprechungszeit 80 % der Ergebnisse.

Finden Sie Aufgaben mit Hebelwirkung. Wie haben Sie es geschafft, den Aufwand gering zu halten? Wie lässt sich diese Erfolgsstrategie auch auf andere Aufgabenbe-reiche übertragen?

33. Wie lässt sich die Dauer von Besprechungen beeinflussen?

Grundsätzlich gilt: keine Besprechung ohne Agenda. Ist ein Ziel nicht anders zu erreichen als durch eine Besprechung, sollten es so wenig Teilnehmer wie möglich sein. Vereinbaren Sie im Team einen festen Zeitpunkt für einen regelmäßigen Aus-tausch, den Jour fixe. Die Tagesordnung sollte immer das zu erreichende Ziel und den Zeitrahmen beinhalten. Beispiel:
TOP 1: Diskussion neue Besucherparkplätze, ca. 30 Minuten
TOP 2: Entscheidung neue Notebooks für Außendienst, ca. 15 Minuten
TOP 3: Information geändertes Formular Urlaubsantrag, ca. 5 Minuten

Es entlastet den Sitzungsleiter, wenn der Protokollführer rechtzeitig vor Ablauf der Zeit nachfragt, was konkret ins Ergebnisprotokoll aufgenommen werden soll. Wird das Protokoll gleich während der Sitzung mit dem Laptop erstellt, spart das viel Auf-bereitungs- und Abstimmungszeit.

Arbeitshilfe: Checkliste Besprechungen vor- und nachbereiten

Checkliste für die Vorbereitung	Checkliste Sitzungsnachbereitung
■ Flipchart, Stifte, Papier ■ Pinnwand, Nadeln, Papierbögen ■ Overheadprojektor, Folien, Stifte ■ Schreibblocks, Stifte ■ Uhr (mit Countdown) ■ Telefon um-/abgestellt ■ Speisen und Getränke organisiert ■ Letztes Ergebnisprotokoll ■ Checkliste ■ …	■ Was könnte besser gemacht werden? ■ Waren es die richtigen Teilnehmer? ■ War der Zeitplan in Ordnung? ■ War die Tagesordnung in Ordnung? ■ …

34. Seitenweise Protokoll – wann soll ich das noch lesen/schreiben?

Muss es immer ein ausformuliertes Verlaufsprotokoll sein? Wer liest schon gern lange Protokolle und wer schreibt sie bereitwillig? Machen Sie es sich und allen Beteiligten einfach. Nutzen Sie eine Protokollvorlage, um Informationen weiterzugeben und den Überblick über erteilte Aufgaben und deren Erledigung zu überwachen. Das Protokoll kann auch über Flipchart oder Pinnwand erfolgen und zum Fotoprotokoll verarbeitet werden. Nutzen Sie dafür z. B. Ihr Mobiltelefon!

Arbeitshilfe: Strukturierte Protokollvorlage

Firma / Abteilung			Ergebnisprotokoll		
Datum	Beginn: Uhr Ende: Uhr		Ort		
Teilnehmer					
Verteiler					
Protokollführer					
TOP	**Maßnahme / Ergebnis**		**Wer?**	**Termin**	**erledigt**

35. Wie spare ich Zeit am Telefon?

Telefonieren ist nicht jedermanns Sache. Dem einen fällt es leicht, Kompliziertes am Telefon zu verstehen, dem anderen fehlt der unterbrechungsfreie Rahmen für ein längeres Telefonat. Wertvoll mit der eigenen und der Zeit des anderen umzugehen, davon profitieren beide Seiten. Bereiten Sie sich auf Telefonate wie auf eine Besprechung vor, so behalten Sie den roten Faden und halten die Ergebnisse gleich auf Ihrer Arbeitshilfe fest. Auf sehr mitteilsame Gesprächspartner bereiten Sie sich mit einem freundlichen Abschlusssatz vor. Zu sehr langen Telefonaten gehören immer zwei: einer, der zu lange spricht, und der andere, der dies zulässt.

Statt doppelt so schnell als sonst zu sprechen, ist eine doppelt so gute Vorbereitung nützlich. Verfeinern Sie die folgende Checkliste auf Ihre Anforderungen.

Arbeitshilfe: Checkliste Telefonate vorbereiten

Telefonat mit Ansprechpartner: Datum:	
Bei dem Telefonat geht es konkret um	
Durch das Telefonat will ich erreichen, dass	
Ist der Angerufene die geeignete Person? Wer ist auch noch Ansprechpartner?	
Welche Unterlagen, Daten und Fakten benötige ich für das Telefonat?	
Gibt es Besonderheiten, Probleme?	
Während des Telefonats mitschreiben: Das wurde vereinbart:	
Abschlussgrußformel mit Zusage der Vereinbarung: Fasse ich das Besprochene als E-Mail für den Empfänger noch einmal zusammen?	„Frau Engels, ganz kurz noch – vielen Dank schon einmal für die Informationen. Sie erhalten ... per E-Mail. Schade, für heute muss ich mich von Ihnen verabschieden und wünsche Ihnen noch einen schönen Arbeitstag."

Diese Checkliste finden Sie zum Download unter ↗ www.denkvorgang.com/buch/checkliste-telefonate-vorbereiten.dotx.

> **Tipp:** Nutzen Sie für Ihre betriebsinternen Abstimmungen auch Reisezeiten. Falls Sie von unterwegs mit Kollegen telefonieren, bitten Sie Ihren Gesprächspartner um eine kurze E-Mail mit den Besprechungsergebnissen.

36. Wie spare ich Zeit in der schriftlichen Kommunikation?

Mit einer Übersicht einleitender Sätze für E-Mails und Briefe gelingt der Einstieg schneller. Formulierungen immer wieder neu zu erfinden, kostet Zeit – Sätze leicht zu individualisieren dagegen weniger. Passend können die folgenden Textanfänge sein:

- haben Sie vielen Dank für Ihre Anfrage vom ...
- vielen Dank für das freundliche Telefongespräch.
- gern erhalten Sie heute ...
- Sie erhalten beigefügt den neuen Katalog. Besonders interessant für Sie ist ... auf Seite ...

Mit Fragen aktivieren Sie den Empfänger. Hier einige Formulierungsangebote:

- Entspricht unser Angebot Ihren Vorstellungen?
- Welche Fragen sind für Sie noch offen?
- Möchten Sie sich ausführlicher beraten lassen?
- Nutzen Sie die Gelegenheit und lernen Sie unsere attraktiven Angebote noch besser kennen. Werden Sie uns am TT.MM.JJJJ zum Tag der offenen Tür besuchen?

Ein netter Schlusssatz rundet Ihren Brief ab:

- Auf Ihre Nachricht freuen wir uns!
- Auf die Zusammenarbeit mit Ihnen freuen wir uns!
- Auf Ihre Fragen und Gestaltungswünsche freuen wir uns.
- Wenn Sie Fragen haben, rufen Sie uns bitte einfach an. Wir beraten Sie gern.
- Gern beraten wir Sie telefonisch oder in einem persönlichen Gespräch.
- Falls Sie noch Fragen haben, wir nehmen uns gern Zeit für Sie!

Die Grußformel darf auch etwas moderner als das herkömmliche „Mit freundlichen Grüßen" ausfallen:

- Freundliche Grüße nach *Empfänger-Ort*
- Freundliche Grüße aus *Absender-Ort*
- Es grüßt Sie
- Freundlich grüßt Sie
- Sonnige Grüße nach *Empfänger-Ort*
- Eine entspannte und angenehme Arbeitswoche wünscht Ihnen
- Ihnen einen entspannten Start in die neue Woche wünscht
- Ein schönes Wochenende wünscht Ihnen
- Grüße aus dem verschneiten *Absender-Ort*
- Vorweihnachtliche Grüße aus *Absender-Ort*
- Eine schöne Adventszeit wünscht Ihnen

Alle Aufgaben des Tages erledigt?

- Es existieren Vorlagen für Brief, Kurzbrief, Mahnung, Ergebnisprotokoll
- Textbausteine für Beginn und Ende meiner Korrespondenz liegen vor
- Checklisten werden als Arbeitshilfen eingesetzt und kontinuierlich angepasst
- Für Telefonate, Jour fixe und Besprechungen gibt es eine Agenda
- Wo hilfreich, werden Gesprächsergebnisse in einem Ergebnisprotokoll anstelle eines Verlaufsprotokolls festgehalten

9. Tag | Wie gehe ich mit den ständigen Unterbrechungen um?

Ob Sie als Sekretärin, Manager, Arzt oder Geschäftsführerin arbeiten, jeder Mensch hat so lange er lebt gleich viele Stunden pro Tag zur Verfügung. Zeit ist mehr wert als Geld. Sie ist nicht käuflich, kann nicht gelagert werden und vergeht kontinuierlich. Machen Sie so viel wie möglich aus Ihrer Zeit. Passen Sie auf Ihre Zeit mindestens genauso gut auf wie auf Ihr Geld. Das lassen Sie sich nicht klauen. Wie ist es mit Ihrer Zeit? Kennen Sie Ihre Zeitdiebe?

37. Wer oder was stört denn da ständig?

„Die Kaffeemaschine blinkt und muss entkalkt werden!" Dieser Satz steht beispielhaft für viele weitere „Jemand muss mal … erledigen"-Sätze. Mit klaren Zuständigkeiten gibt es klare Arbeitsaufträge. Ein Aushang als Tages-, Wochen- oder Monatsplan gleich an der Kaffeeküchentür informiert, wer „Küchendienst" hat und anzusprechen ist. Welche Zurufe wegen unklarer Zuständigkeit unterbrechen Ihre Tätigkeit sonst noch?

Werden Sie sich zunächst einmal Ihrer Zeitdiebe bewusst. Führen Sie über die Dauer von ein bis zwei Wochen ein Unterbrechungsprotokoll und entlarven Sie Ihre Zeitdiebe. Ein gelbes DIN-A5-Blatt gleich neben Ihrem Telefon macht es Ihnen leicht, diese Strichliste zu führen. Möglicherweise interessieren sich Ihre Kollegen für Ihre Liste. Winken Sie doch bei der nächsten Unterbrechung kurz mit diesem gelben Blatt. Wie im Fußball kann das stellvertretend als „Gelbe Karte" verstanden werden. Das Bewusstsein für Unterbrechungen wird so über die Humorschiene geweckt. Bedenken Sie, Ihre geistige Fitness leidet unter der gefühlten Notwendigkeit, ständig erreichbar sein zu müssen.[8] Muss Ihre Bürotür wirklich den ganzen Tag offenstehen? Ist es notwendig (welche Not wird abgewendet?), sich durch jede hereinkommende E-Mail unterbrechen zu lassen? Übrigens: Im Durchschnitt ist nur jede siebte E-Mail relevant für den Tag. Für alle anderen reicht eine Antwort innerhalb von 24 Stunden.

Das folgende Unterbrechungsprotokoll ist auch unter ↗ www.denkvorgang.com/buch/unterbrechungsprotokoll.pdf verfügbar:

---

8 Glenn Wilson, University of London, verglich in einem Experiment drei Testgruppen. Die erste konnte ungestört arbeiten, die zweite arbeitete mit Unterbrechungen (Telefon, E-Mails), die Teilnehmer der dritten Gruppe hatten vor dem Test Marihuana geraucht. Ergebnis: Die schlechteste Gruppe war die mit Unterbrechungen arbeitende.

	08:00	09:00	10:00	11:00	12:00	13:00	14:00	15:00	16:00
Telefon / Handy / SMS									
Besuch									
Chef									
Kollege									
Funktionalität PC, Kopierer ...									
Suchen									
E-Mails									

Werten Sie das Unterbrechungsprotokoll aus:
- Treten die Unterbrechungen zu bestimmten Zeiten besonders häufig auf?
- Sind es kleine, aber häufige Unterbrechungen?
- Sind es bestimmte Personen, die Sie stören?
- Könnten die vielen Telefonate ein Hinweis auf schlechte Erreichbarkeit, Information, Abstimmungs- oder Arbeitsprozesse sein?
- Sind Sie allzeit bereit, Ihre Arbeit zu unterbrechen, wenn jemand zu Ihnen kommt?

Unterbrechungen durch Lärm beeinflussen unsere Konzentration, das Wohlbefinden, die Stimmung und die Qualität der Arbeit. Arbeiten Sie mit vielen Menschen bei hoher Geräuschkulisse in einem Büro, sollte etwas für die Raumakustik getan werden. Lösungen sind beispielsweise schallabsorbierende Materialien, Lärmschutzwände oder Maschineneinhausungen. Vielleicht hilft auch eine Lärmampel, den Pegel sichtbar zu machen. Ist es zu laut, schaltet sie auf Rot. Vereinbaren Sie untereinander, wie „Rot ignorieren" geahndet wird.

Nach der Auswertung des Unterbrechungsprotokolls kennen Sie Ihre störungsintensiven oder -ärmeren Zeiten. Das ist hilfreich für die Tagesplanung Ihrer A-, B- oder C-Aufgaben und es leiten sich Gegenmaßnahmen ab. Prüfen Sie, welche für Sie hilfreich sind.

Das sind typische Störungen bei meiner Arbeit:

1. *Telefon*

2. *E-Mails*

3. ....

4. ....

5. ....

So reagiere ich bisher auf die Störungen:

1. *Telefonat immer annehmen*

2. *E-Mail-Eingang permanent überwachen, sofort lesen, später bearbeiten ...*

3. ....

4. ....

5. ....

So könnte ich anders damit umgehen:

1. *Temporär abschirmen mit Anrufbeantworter, Anrufzeiten kommunizieren, Zeitrahmen für Telefonate maximal 3 Minuten, Rückruf anbieten, Grußformel (Notlüge) parat haben, um Gespräche höflich zu beenden.*

2. *Drei feste Bearbeitungszeiten am Stück, Strategien anwenden ...*

3. ....

4. ....

5. ....

38. Wie sorge ich für Zeitpuffer am Tag?

Haben Sie viele Aufgaben von kurzer Erledigungsdauer, bündeln Sie diese. Am Block abarbeiten spart einiges an Rüstzeiten.

Eine Aufgabe kommt selten allein. Bündeln Sie Tätigkeiten zu Arbeitsblöcken, anstatt sie nach dem Zufallsprinzip zu bearbeiten. Mit entsprechender Vorplanung wissen Sie, mit wem Sie heute telefonieren sollten. Bündeln Sie Ihre Telefonate beispielsweise in einem Block ab 09:30 Uhr. Sie erreichen Berta Blümchen nicht? Kein Problem – machen Sie gleich mit dem nächsten Anruf bei Karl Knoblauch weiter. Mit En-Bloc-Abarbeiten haben Sie auch Einfluss auf Ihr Selbstmanagement, indem Sie sich nach einem unangenehmen Telefonat mit einem angenehmen belohnen. Nutzen Sie Ihre Arbeitshilfen (siehe *Checkliste Telefonate vorbereiten* am achten Tag). En-Bloc-Telefonieren hat noch einen weiteren angenehmen Nebeneffekt: Während Sie raustelefonieren, werden Sie durch hereinkommende Anrufe nicht unterbrochen.

E-Mails sind eine weitere Bündelungsmöglichkeit. Normalerweise reicht es aus, wenn Sie zwei bis drei feste Zeiten am Tag für die Bearbeitung reservieren. Nutzen Sie farbige Mappen für Ihre Tages-Aufgabenbündel, z. B. grün = telefonieren, gelb = planen ...

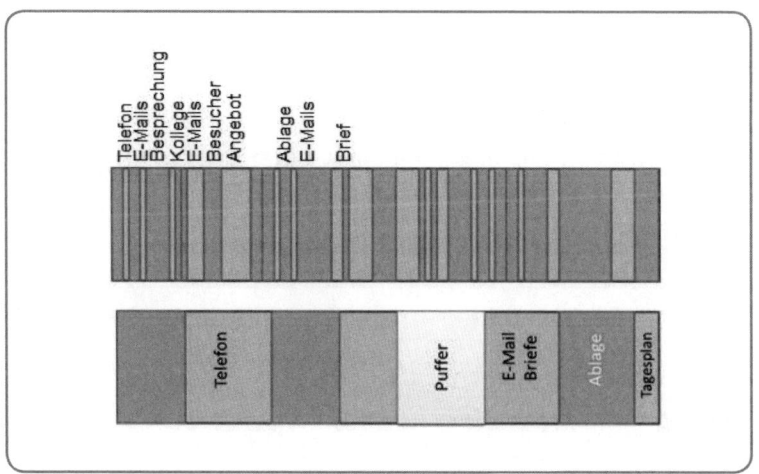

Abbildung 17: Bündeln nach Tätigkeiten

39. Wie gehe ich mit den vielen E-Mails effizient um?

E-Mails zählen zu den hauptsächlichen Unterbrechungen. Einerseits sorgen die PC-Einstellungen wie Desktop-Benachrichtigung, akustisches Signal oder blinkendes Symbol in der Task-Leiste dafür, dass Sie den Eingang der E-Mail wahrnehmen. Andererseits ist auch Ihre Neugier daran beteiligt, sofort wissen zu wollen, wer denn da gerade schreibt. Angenommen, Sie wollen sich gerade Ihrer Tageskröte widmen, so etwas Beliebtem wie beispielsweise einem Teil Ihrer Steuererklärung. Und noch bevor Sie in Ihren Arbeits-Flow komplett eintauchen, holt Sie eine E-Mail aus der Arbeitstiefe wieder heraus. Sie lesen kurz den Inhalt oder kümmern sich um die Beantwortung und schon ist wieder Zeit vergangen, die Konzentration und ein Teil Ihrer Kröten-Motivation sind dahin.

Sie benötigen eine neue Strategie im Umgang mit E-Mails. Es ist ja wie mit den ungespülten Kaffeetassen. Es kommen immer wieder neue dazu und Sie brauchen keine Sorge zu haben, dass eine davon wegkommt. Ungespülte Kaffeetassen oder ungelesene E-Mails verdunsten nicht.

1. Schluss mit der Dauererreichbarkeit – E-Mail ist kein Telefon
Stellen Sie die automatische Benachrichtigung über den Posteingang ab. Egal ob Geräusch oder blinkender Umschlag – jeder Reiz unterbricht Ihre Arbeit.

2. Sendepause – schaffen Sie Zeitblöcke
Falls Sie nicht gerade an der Börse oder an einem PC-Support-Desk arbeiten, widmen Sie sich nur zwei- bis dreimal täglich zu festen Zeiten dem E-Mail-Eingang. Kommunizieren Sie dieses Vorhaben mit Vorgesetzten und Kollegen. In Deutschland ist es akzeptiert, wenn die Antwort am nächsten Tag kommt. Durch das Abarbeiten am Block haben Ihre E-Mails eine andere Qualität. Sie konzentrieren sich stärker auf Ihre geplanten Aufgaben und fassen keine E-Mail mehrfach an. Antworten Sie innerhalb von 24 Stunden auf eine E-Mail. Prüfen Sie, ob erwähnte Anlagen angehängt wurden. Sie schwächen Ihre Position, wenn Sie E-Mails tagelang unbeantwortet lassen und erst in letzter Minute zusätzliche Daten verlangen. Gehen Sie mit gutem Beispiel voran: benötigen andere von Ihnen Informationen, liefern Sie zügig und verständlich aufbereitet. Benötigen Sie noch etwas mehr Zeit? Informieren Sie den Empfänger – das macht Nachfragen überflüssig.

3. Zwischenablage für E-Mails
Legen Sie höchstens zwei Ordner innerhalb des Posteingangs an. Der für ausstehende Informationen oder offene Fragen heißt *Warten auf ...* Der andere ist der *Lesen-*Ordner. Er enthält Info-E-Mails, z. B. Newsletter und Hausmitteilungen. Achtung: Auch hier gilt das Aufräumen. Diese Ordner müssen ebenso wie Ihre *Gesendeten Objekte* immer wieder zugeordnet und verschlankt werden.

Struktur und Ordnung gleich beim Empfangen

Nutzen Sie Automatisierungen, um den Posteingang vorzustrukturieren. Eingangs-filter sorgen dafür, dass Newsletter gleich in den Ordner *Lesen* gelangen und Nach-richten Ihres Vorgesetzten rot eingefärbt sind. Recherchieren Sie die Möglichkeiten. Anleitungen finden Sie z. B. über das Videoportal ↗ www.youtube.de.

4. Ihr E-Mail-Postfach ist keine Aufgabenliste

Wenn Sie E-Mails als ungelesen markieren, damit sie als unbearbeitet in der Liste er-scheinen, müssen Sie sie zu einem späteren Zeitpunkt erneut lesen. Das ist ungefähr so, als ob Sie auf Ihrem Schreibtisch einen Stapel bilden. Wenden Sie die Einmal-Regel vom sechsten Tag für einen leeren Posteingang an.

Bearbeiten Sie Ihren Posteingang mit der Einmal-Regel und stellen Sie sich diese vier Fragen:

1. Kann die eingegangene E-Mail sofort *gelöscht* werden? Falls Nein:
2. Kann diese Information sofort *weitergeleitet / delegiert* werden? Falls Nein:
3. Gehört sie in die *Ablage*? Falls Nein:
4. *Bearbeite* ich sie sofort weiter? Empfiehlt sich immer dann, wenn Sie für die Be-antwortung maximal drei Minuten brauchen, sonst: Legen Sie eine Aufgabe mit Erledigungstermin und Stichwort an (Wiedervorlage).

5. Kompakter Betreff im SMS-Format

Schreiben Sie konkret, welche Reaktion Sie erwarten, z. B. „Bitte um Terminbestäti-gung, TT.MM.JJJJ, hh:mm Uhr, Ort". Aktualisieren Sie den Betreff auf das, worum es geht, besonders, wenn E-Mails oft hin- und hergesendet werden.

6. Mit Hyperlinks für interne E-Mails Datenflut eindämmen

Statt Dateianhänge zu versenden, nutzen Sie intern den Hyperlink zur Originaldatei. Vielleicht hat Ihre Organisation auch ein Download-Verzeichnis im Intranet? Der Versender des Hyperlinks hält den Link aktuell, indem eine alte Datei durch eine neue mit demselben Namen am selben Ort ausgetauscht wird. Nebenbei reduziert sich das Datenvolumen. Jetzt speichert nicht jeder Empfänger einen Dateianhang in seinem E-Mail-Programm oder auf seinem Laufwerk.

7. Machen Sie es dem Empfänger leicht zu antworten

Mit Abstimmungsschaltflächen (in Outlook als Option) oder vorbereiteten Fragen zum Ankreuzen (Ja / Nein, Montag / Freitag, Zusage / Absage) erleichtern Sie es Ih-rem Empfänger, den Informationsfluss aufrechtzuerhalten. Auch ein Schreibraster unterstützt schnelles Verarbeiten: WAS macht WER konkret bis WANN, Struktur mit Spiegelstrichen, hinter denen kurze und klare Sätze stehen, maximal eine Bild-schirmseite ohne Scrollen. Ausführliches gehört in einen PDF-Dateianhang, bei Un-klarheiten anrufen.

E-Mail-Beispiel – so nicht!	E-Mail-Beispiel – Klarheit
Betreff: AW: AW: WG: Treffen	Betreff: Vorbereitung Auftaktveranstaltung, Abgabetermin 14.09.
Hallo Berta, wie war Dein Urlaub? Hattet ihr schönes Wetter? Letzte Woche war Coach-Treffen und wir haben uns mit Tim noch mal wegen der Vereinsgründung zusammengesetzt. Offen ist weiterhin, ob wir das machen sollen. Lothar meinte, wir können die Entscheidung noch mal um vier Wochen verschieben. Ich glaube, wir sollten uns auf die erste Veranstaltung im Oktober konzentrieren, da fehlen noch Inhalte. Der Veranstaltungsort ist ja klar, nur sind die einleitenden Fragen noch nicht zusammengestellt. Würde mich freuen, wenn Du mir ein paar schickst ...	Hallo Berta, sendest Du mir bitte bis 14.09. Deine einleitenden Fragen für die Auftaktveranstaltung? Der nächste Termin ist am 19.10.2010, 15:00 Uhr, Lottenstraße 1. Hier kurz die Besprechungspunkte für das nächste Treffen: ■ Diskussion zur Vereinsgründung Pro und Contra (ca. 30 Min.) ■ Auswertung der Liste gesammelter Fragen (ca. 30 Min.) ■ Festlegen der Zuständigkeiten (ca. 15 Min.) ■ ...

8. Sensibler Umgang bei E-Mails an viele Empfänger

Statt wie mit der Gießkanne jedem Informationen überzugießen, achten Sie auf die richtigen Empfänger und legen Sie Verteiler an. Mit dem Verteiler „Verkauf" erreichen Sie die hinterlegten Mitarbeiter.

9. Datenschutz bei „An"- und „CC"-Feldern beachten

Es ist Ihnen sicher recht, von Werbe-E-Mails verschont zu bleiben. Gehen Sie auch hier mit gutem Beispiel voran. Beachten Sie den Datenschutz und nutzen Sie die Felder „An" und „CC" sensibel.

An:	Nur die Person, die etwas veranlassen soll oder wissen muss
CC:	Vorher klären, ob die Funktion genutzt werden soll! Viele E-Mails werden nur an Kollegen weitergeleitet, um bei der Lösung eines Problems möglichst nicht alleine dazustehen und sich auf andere ausreden zu können („Cover-your-ass-Strategie"). Eine andere Strategie ist, über einen in CC gesetzten Chef Druck auf das Gegenüber auszuüben.
BCC:	E-Mail an viele, die sich untereinander nicht kennen, die E-Mail-Adressen bleiben so „geheim".

Erhalten Sie ständig CC- oder BCC-E-Mails? Fordern Sie Informationsdisziplin und beachten Sie die Motive der CC-Absender. Will jemand die Verantwortung abgeben („Sie wurden per E-Mail informiert ...")? Fehlen dem Absender Kriterien, um wirklich Wichtiges von Unwichtigem zu unterscheiden? Erhält der Absender zu wenig Anerkennung und wünscht er sich „Kontakt" durch viele E-Mails? Steht der Verfasser unter Zeitdruck oder leidet er unter Überforderung (persönlich, fachlich, zeitlich)?

10. Löschen oder archivieren Sie bearbeitete E-Mails

Der Posteingang ist am Ende des Arbeitstages leer! So halten Sie es schließlich auch mit Ihrem Briefkasten. Wichtige E-Mails speichern Sie im Dateisystem zum Vorgang oder Arbeitsablauf.

11. E-Mail-Flut verdoppeln durch ausdrucken?

Legen Sie Kriterien fest, nach denen E-Mails ausgedruckt werden. Jeder Ausdruck erzeugt neuen „Druck": Druckkosten, Ablage, Platz ... Was passiert nach dem Drucken mit der E-Mail im Posteingang?

Outlook-Tipp: Wandeln Sie E-Mails um. Gehören Sie zu den Anwendern, die E-Mails aufbewahren, nur um die Kontaktdaten verfügbar zu haben? Das wäre ungefähr so, als ob Sie geöffnete Briefe wieder in Ihren Briefkasten zurücktragen, um auf eine Adresse zurückzugreifen. Sobald Sie eine E-Mail auf das Feld *Kontakte* ziehen (Drag & Drop), erstellt sich automatisch ein neuer Kontakt mit ausgefülltem E-Mail- und Namensfeld. Dasselbe funktioniert mit Aufgaben und Terminen: einfach eine E-Mail auf *Aufgabe* oder *Kalender* ziehen, schon legt sich der Betreff der E-Mail als Betreff der Aufgabe bzw. des Termins an.

Feste Zeiten für E-Mails und irgendwann am Tag auch einmal einen festen, von Unterbrechungen abgeschirmten Termin für Sie selbst – wie würde Ihnen eine „stille Stunde" gefallen? Wenn Sie ehrlich sind, brauchen Sie nicht rund um die Uhr telefonisch erreichbar und persönlich ansprechbar zu sein. Oder arbeiten Sie bei der Feuerwehr oder als Notarzt?

40. Mal am Stück etwas abarbeiten – wie schaffe ich das?

Schirmen Sie sich eine Stunde pro Tag von Ihrer Umwelt ab. Probieren Sie es einfach einmal aus. Was wird passieren? In der „stillen Stunde" arbeiten Sie unterbrechungsfrei effektiver. Die Konzentration wird nicht ständig aufgebaut, durch Unterbrechung abgebaut und mit erneutem Zuwenden wieder aufgebaut. Dieser Arbeitsfluss beflügelt. Das ist Balsam für Ihr Selbstmanagement. Besprechen Sie Ihr Vorhaben mit Vorgesetzten, Kollegen und Mitarbeitern. Ihr Unterbrechungsprotokoll zeigt Ihnen, wann diese Stunde am ehesten durchzusetzen ist. Bringen Sie ein Türschild mit verstellbaren Zeigern an. So wissen alle, wann Sie wieder zur Verfügung stehen. Ab jetzt schließen Sie die Tür für Ihre stille Stunde.

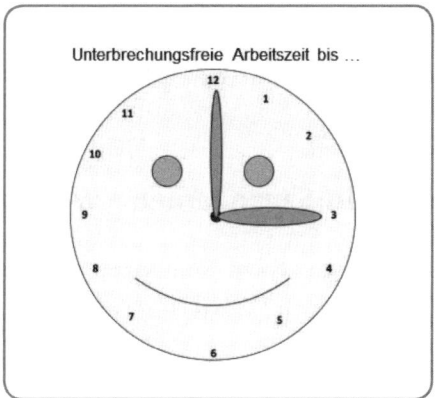

Abbildung 18: Türschild-Idee

Kommt dann doch jemand herein, zeigen Sie durch Ihr Verhalten, Ihre Mimik und Körpersprache, dass Sie jetzt beschäftigt sind. Sie könnten auch aufstehen und so tun, als ob Sie gerade den Raum verlassen wollten. Ihre bedauernde Mimik zeigt, Sie haben gerade andere Prioritäten. Lässt sich der Besucher trotzdem nicht abschütteln, fragen Sie höflich nach, ob das Anliegen maximal zwei Minuten in Anspruch nimmt. Falls es länger dauert, bieten Sie einen Termin zur Klärung an. Achten Sie bitte genauso gut auf Ihre Zeit wie auf Ihr Geld. Dauert es länger, unterbrechen Sie höflich und bestimmt: „Schade, es dauert offensichtlich doch etwas länger – tut mir leid – wir müssen einen anderen Termin finden."

41. Wie werde ich den Erwartungen anderer gerecht?

Oft fühlen wir uns hin- und hergerissen. Es ist ein Spagat zwischen den Erwartungen der Kollegen, den unserer Lieblingsmenschen und den eigenen Bedürfnissen. Ein „Ja, ich arbeite heute länger" bedeutet gleichzeitig ein „Nein" zu Freunden und Familie. Stress steigt in uns hoch.

Werden Sie sich klar über Ihr Rollenkarussell. Welche Rollen nehmen Sie pro Tag ein? Zu wie viel Prozent Ihres Tages nimmt Ihre Rolle als Partner, Elternteil, Arbeitnehmer, Vorgesetzter, Schwester / Bruder, Freund, Vorstandsmitglied im Verein, Mitglied im Verein Sie ein?

- Welches sind Ihre Hauptrollen?
- Haben Sie sich die Rolle selbst ausgesucht?
- Welche Rollen ließen sich verkleinern oder einmotten?
- Was würde passieren, wenn Sie diese Rolle nicht mehr innehätten?

42. Abgrenzen und Nein-Sagen lernen – wie mache ich das?

Bruno Gideon hat einmal gesagt: „Nicht Nein sagen können ist eine Einladung an andere, sich auf unsere Kosten einen Vorteil zu verschaffen."

Mit der Klarheit über Ihre Rollen erinnern Sie sich bestimmt an Situationen, in denen Sie lieber Nein gesagt hätten und trotzdem Ja gesagt haben. Wollen Sie beim nächsten Mal genauso reagieren? Wie können Sie sich an ein Nein „heranrobben"?

Reflektieren Sie kurz einige Situationen, in denen Sie lieber Nein gesagt hätten und Ihnen doch ein Ja entlockt wurde. Wie hat der andere es geschafft? Gibt es einen wiederkehrenden Lockruf, auf den Sie im Sinne des Bittstellers reagieren?

Lockruf	Strategie
„Ihre Excel-Liste, die war sehr gut und hilfreich …"	Ein Lob, das tut so gut, wer kann da schon Nein sagen?
„Wenn wir dich nicht hätten, hier würde alles zusammenbrechen!"	Sie sitzen in der Kompetenzfalle. Wer viel kann, darf viel machen. Ist das eine gute Belohnung?
„Sie kommen doch bei … vorbei, nehmen Sie das gleich auf dem Weg mit?"	Das Gewohnheits-Ja wird Ihre Falle.
„Er hat doch keinen Führerschein, irgendwie muss er doch dorthin kommen!"	Freibrief durch Rücksichtnahme
„Ich bin noch neu im Unternehmen und kann … nicht!"	Kollegialität, Teamfähigkeit und Hilfsbedürftigkeit anderer entlocken Ihnen das Ja.
„Mein Bus kommt in zwei Minuten! Ich bin dann weg, schließen Sie die oberen Büroräume noch ab!"	Überrumpelung, wer will schon, dass der andere den Bus verpasst …

Annahmegerechtes Nein-Sagen lässt sich lernen. Üben Sie gleich beim Einkaufen, wenn der Metzger Sie fragt: „Darf es etwas mehr sein?" Entwickeln Sie Ihre Strategie. Finden Sie Ihren einleitenden Nein-Satz. Hier einige Angebote, allerdings ohne Gewähr:

Ihre Strategie	Eine Antwortmöglichkeit
Begrenzen Sie die Aufgabe zeitlich	*„Für die nächsten zwei Wochen unterstütze ich Sie bei … Danach müssen Sie eine andere Lösung finden. Haben Sie schon an … gedacht?"*
Begrenzen auf Ausnahme	*„Ihnen zum Gefallen mache ich das dieses Mal …", „Ausnahmsweise unterstütze ich Sie heute ein letztes Mal und es kostet Sie eine große Schachtel edler Pralinen (Blumen, …)!"*
Begrenzen des Volumens	*„Für den Bericht werde ich etwa drei Stunden benötigen! Wenn wir uns darauf einigen können, dass die Spalten A und C wegfallen, kann ich es in einer Stunde schaffen."*
	„Für heute kann ich Ihnen eine Bearbeitung von 30 Minuten zusagen und maile Ihnen das Ergebnis. Fragen Sie vielleicht noch bei … nach, ob er daran weiterarbeiten kann."

Ihre Strategie	Eine Antwortmöglichkeit
Lassen Sie Aufgaben auswählen	*„Was von meiner Aufgabenliste kann jemand anderes übernehmen (kann liegen bleiben), wenn ich die Aufgabe übernehme?"*
Entscheidung aufschieben, vertrösten	*„Ich muss erst mit ... Rücksprache halten und rufe in einer Stunde zurück."* Dann: *„Es tut mir leid, dieses Mal geht es leider nicht!"* (ohne Erklärung!) *„Ich gebe Ihnen in zehn Minuten Bescheid. Vorher kläre ich, ob ich einen anderen Termin verschieben kann. Dafür stimme ich mich kurz mit einem Kollegen ab und melde mich spätestens in 30 Minuten bei Ihnen."*
Weiches Nein	*„Ihren Engpass erkenne ich. Für keinen anderen würde ich das lieber machen als für Sie. Aber dieses Mal muss ich leider absagen."*
Mitfühlendes Nein	*„Ich sehe, Sie stehen unter Zeitdruck, aber ich kann heute leider nicht aushelfen."*
Verschieben	*„Das ist heute zeitlich zu sportlich und die Ausführungsqualität leidet darunter. Ich mache es gleich morgen Mittag."* *„Oh, ich sehe am Eingangsstempel, das liegt schon länger. Die Post ist heute ohnehin schon weg. Gleich übermorgen am Vormittag erledige ich das."*
Grundsatz	*„Tut mir leid, freitags ist Arbeitsende prinzipiell um 12:00 Uhr."*

Ihr „Ich-muss-mich-abgrenzen-Stress" wird jetzt zur Chance. Sie können etwas verändern. „Der Konflikt-Coach"[9] gibt Ihnen weitere Tipps.

Frustschwein füttern

Angenommen, Sie haben trotzdem noch Schwierigkeiten mit dem Nein-Sagen, wenn Ihr Chef mit Last-Minute-Aufträgen kommt. Dann kaufen Sie sich ein Sparschwein und taufen Sie es auf den Namen *Frustschwein*. Ein „Ja" zum Chef, wenn Sie eigentlich „Nein" sagen wollten, wird ab heute teuer. Sie bezahlen Ihr „Ja" mit einer Strafe – Futter für das Frustschwein: fünf Euro! Beim Einwerfen denken Sie sich „Malle, ich komme und hinterlasse alle Arbeit!". Ist das Schwein voll, fahren Sie vom Frustgeld nach Mallorca. Bei einem großen und vollen Frustschwein sind vielleicht auch die Malediven möglich. Den Rahmen um Ihren Chef haben Sie neu gesetzt: Er ist Geburtshelfer für Ihr übergeordnetes Ziel.

---

9 Ursu Mahler: Der Konflikt-Coach, Junfermann Verlag 2011.

Alle Aufgaben des Tages erledigt?

- Offene Zuständigkeiten sind geklärt
- Unterbrechungsprotokoll geführt und ausgewertet
- Maßnahmen für alternatives Handeln reflektiert und vorbereitet
- Ich nutze neue Strategien für das E-Mail-Management
- Ich habe ein Türschild für meine stille Stunde verfügbar
- Der Anteil meiner Rollen pro Tag ist mir klar und ich plane sie ein
- Einleitende Sätze für das Nein-Sagen in bestimmten Situationen habe ich für mich erarbeitet
- Mein Frustschwein steht bereit

10. Tag | Wie kann ich kontinuierlich effizienter werden?

In den vergangenen Tagen haben Sie viel geschafft. Auf dieser Basis bauen Sie jetzt kontinuierlich auf. Dadurch verbessern Sie einerseits Ihre Selbstorganisation und andererseits die Zusammenarbeit mit Ihren Kollegen.

43. Wie schaffe ich Ordnung im Ordner?

Zu den Klassikern in der Büroorganisation zählt der Ordner. Chronologisch geführte Ordner (z. B. Buchführung) sollten ein *Aussonderungsdatum* tragen. Kleben Sie auf das Rückenschild einen farbigen Aufkleber mit der Jahreszahl (ähnlich dem TÜV-Emblem), in der der Ordner vernichtet werden soll. Alternative: MHD MM / JJJJ, also Mindesthaltbarkeits- / Vernichtungs-Datum Monat / Jahr.

Notieren Sie in alphabetischen Ablagen (z. B. Kunden) zu jedem Kundenprojekt ein Aussonderungsdatum handschriftlich auf dem Deckblatt. Das Aussortieren zum Ablauftermin könnten Sie ggf. delegieren, so sparen Sie echte Lesezeit und Platz!

Standardisieren Sie das Innenleben Ihrer Ordner. Deckblätter auf umfangreichen Akten dienen dem zeitlichen Überblick. Hier wird eingetragen, was in eine Rubrik eingeheftet wurde. Damit erfüllt der Ordner zwei Sortierungen: mit der ersten wird zeitlich abgebildet „was bisher geschah" und mit der zweiten haben Sie mit einem Griff alle Unterlagen zu einem Arbeitsablauf. Nutzen Sie diese Möglichkeit zur Standardisierung beispielsweise für Kundenordner.

Datum	Bemerkung
02.01.2011	Eingang der Anfrage über Besuchstermin
20.01.2011	Abstimmung des Besuchstermins
21.01.2011	Einladung (schriftlich / per Telefax)
03.03.2011	Besuchstermin (10:00–14:00 Uhr)
04.03.2011	Besprechungsprotokoll geschrieben und versandt
04.11.2011	Projekt beendet, Abschlussrechnung erstellt
	– Abschluss –
Aussonderungsdatum*	31.12.2022

* Verfallsdatum, nach dem die Akte vernichtet werden darf

Schnelles Finden erleichtern Sie mit Trapez-Trennstreifen, die es in verschiedenen Farben gibt. Der Trennstreifen kann umgedreht abgeheftet werden, wodurch Sie immer gleich die Beschriftung des oberen und unteren Trennstreifens auf einmal sehen.

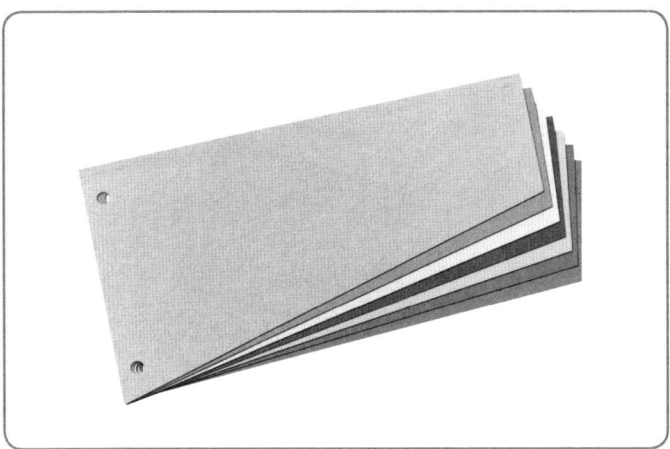

Abbildung 19: Trapez-Trennstreifen

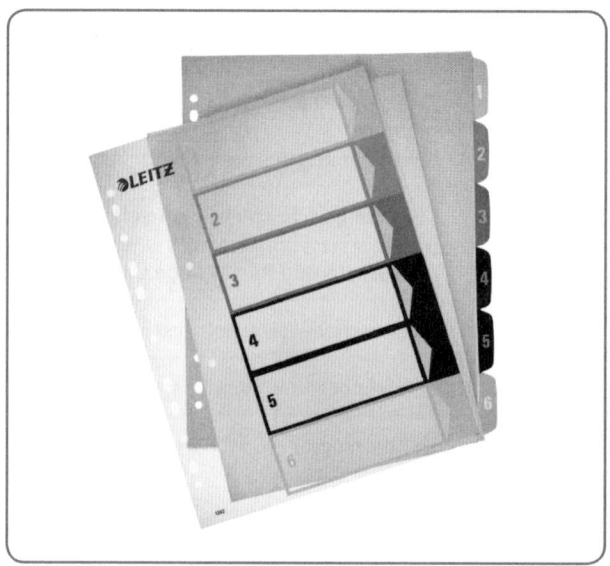

Abbildung 20: Extrabreite Kunststoffregister mit 6 Hauptthemen

Abbildung 21: Untergliederung mit 10er-Register für Unterthemen

Auch für die Unterthemen sollten Sie ein Deckblatt einlegen, wie hier im Beispiel die Übersicht der wiederkehrenden Ausgaben im Haus.

44. Bei wem befindet sich denn jetzt eine entnommene Unterlage?

Wenn Sie unter Stress nach Unterlagen suchen, empfinden Sie die Aktion als ärgerliche Störung. Die Situation ist noch unnötiger angespannt. Eine Suchminute wirkt sich auch auf die Kundenzufriedenheit und Akzeptanz Ihrer Arbeitsmethodik aus. Suchen Sie, sind Sie zwar eher unproduktiv beschäftigt, aber Ihr Kunde braucht Geduld in seiner ungewollten Auszeit.

Mit mehreren Entnahme-, Fehl- oder Leitkarten gleich vorne im Ordner machen Sie es sich und anderen einfach. Die Karte wird an der Entnahmestelle eingeheftet, so sieht jeder, dass hier etwas entnommen wurde. Bei Rückgabe finden Sie den Ablageort schnell wieder. Sie erleichtern allen Beteiligten den Überblick und Zugriff.

Am besten bringen Sie zwei versetzte Lochungen an. Die eine ist eine gewöhnliche Lochung, die andere ist um ca. 3 cm nach oben versetzt. Dadurch schaut Ihre Entnahmekarte oben leicht heraus, unterstützt Sie beim schnellen Wiedereinheften und verschafft Überblick über Entnommenes / Fehlendes.

Beispiel Vorderseite:

Entnommen		
was?	Datum	liegt bei:

Beispiel Rückseite:

Fehlt		
was?	Datum	vermisst von:

Entnahmekarten können beispielsweise über Leitz bezogen werden.

45. Kopierpapier leer – wie steuere ich Verbrauchsmaterial?

Schon wieder kein Kopierpapier mehr da und jetzt brauchen Sie es ganz dringend. Steuern Sie Verbrauchsmaterialien wie Büro- oder Werbemittel, Kaffee oder Getränke über eine Kanban-Karte.[10] Das funktioniert so:

1. Ein Mitarbeiter entnimmt Kopierpapier und findet die Kanban-Karte. Auf der Vorderseite steht, was zu tun ist, nämlich die Kanban-Karte ins Postkörbchen von Frau Beck (lt. Karte) legen.

2. Frau Beck bestellt neues Kopierpapier und legt die Kanban-Karte mit Bestellvermerk zum Wareneingang. Sobald die Ware kommt, wird sie am Kopierer aufgefüllt und die Karte so platziert, dass sie auf dem Mindestbestand liegt.

Beispiel Vorderseite:

Nur noch 3 Einheiten Kopierpapier vorhanden – bitte geben Sie diese Karte an:		
Frau Beck, Raum 4711	Bestellzeitpunkt erreicht für: Kopierpapier Art.-Nr. 45.333.5734 Lieferant Firma Beispiel, Stuttgart	Bestellung für: Kopierer Raum 1001
	Inhalt: 30 Pack à 500 Blatt	Kopiererfach

---

10 Kanban ist eine Methode aus der Produktionsablaufsteuerung, erstmals 1947 bei Toyota eingesetzt.

Beispiel Rückseite, geeignet für Mehrfachverwendung:

Bestellt Kopierpapier, Art.-Nr. 45.333.5734, Lieferant Firma Beispiel, Stuttgart			
Frau Beck, Raum 4711	angefordert am:	bestellt am:	Bestellung für: Kopierer Raum 1001
	Inhalt: 30 Pack à 500 Blatt		Kopiererfach

46. Wie gehe ich an seltene Aufgaben heran?

Für Aufgaben, die einmal im Quartal oder Jahr anstehen, fehlt oft die richtige zeitliche Einschätzung. Schaffen Sie Übersicht durch Arbeitsflussdiagramme. Sie geben einen Überblick über zu erledigende Teilschritte, Zuständigkeiten und Arbeitshilfen. Sie sind auch eine gute Grundlage, bisherige Arbeitsabläufe auf Aktualität zu prüfen und anzupassen. Mit dem Überblick ist es einfacher, neue Mitarbeiter einzuarbeiten. Ihre Urlaubsvertretung wird Ihnen dankbar sein. Stellen Sie während der Einarbeitung eines Auszubildenden fest, dass sich die Gegebenheiten (Softwareprogramm, Vorlagen, Zuständigkeiten ...) geändert haben, lassen Sie ihn die Änderungen im Flussdiagramm einarbeiten. Wenn darüber hinaus Erklärungen notwendig sind, so sollen auch diese an einer entsprechenden Stelle abgespeichert werden. Der nächste neue Mitarbeiter kommt bestimmt.

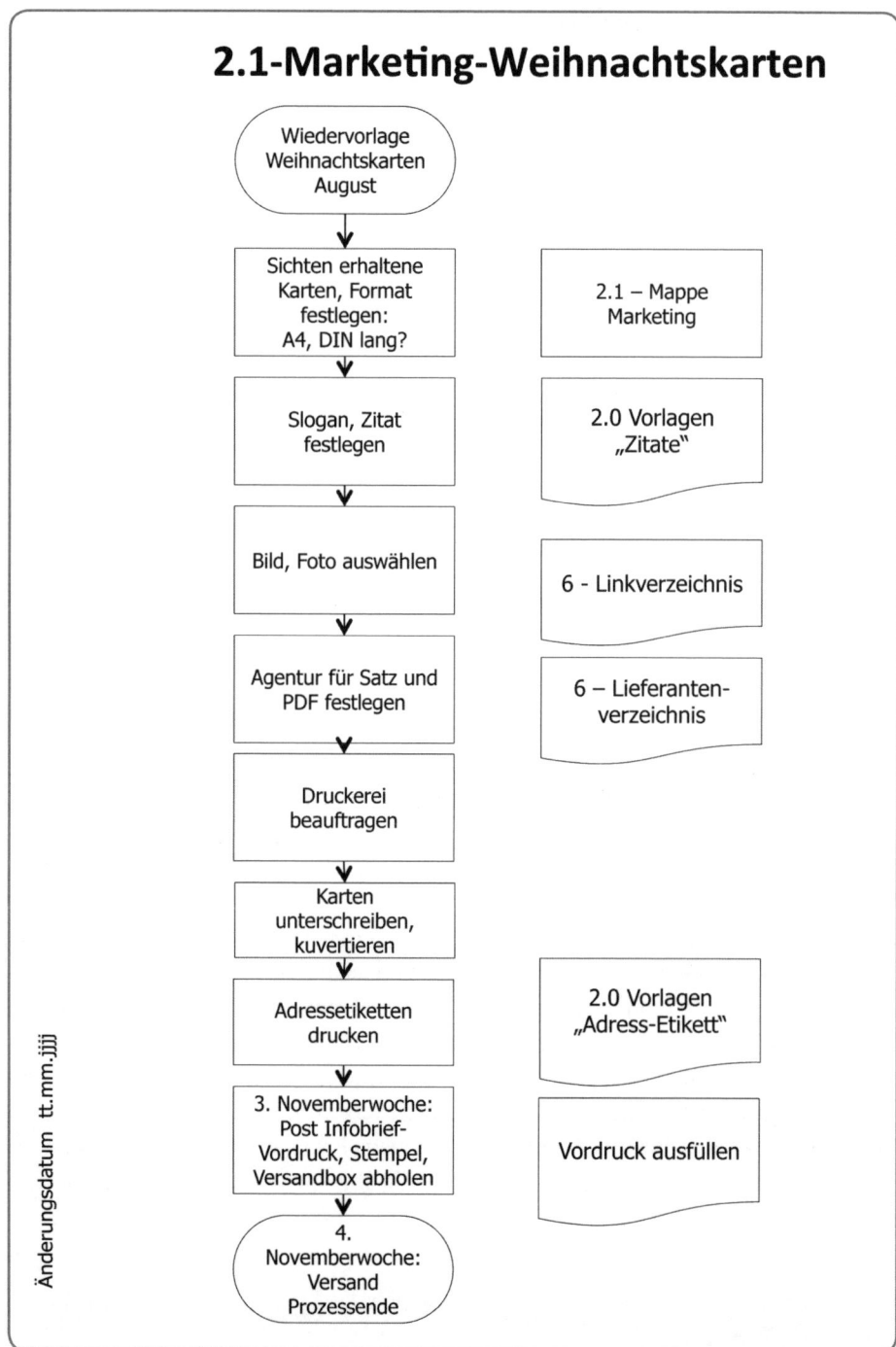

Abbildung 22: Beispiel eines Flussdiagramms zum Versenden von Weihnachtskarten

Alle Aufgaben des Tages erledigt?

- Ordner haben eine Innenstruktur, z. B. Deckblatt, farbige Register (Taben)
- Bei Teamablage befinden sich drei Entnahmekarten vorne im Ordner
- Verbrauchsmaterialien werden über Kanban-Karten gesteuert
- Die ersten Arbeitsflussdiagramme sind erstellt

Ende

Es liegen zehn Büro-Effizienztage hinter Ihnen. Einerseits haben Sie sich um Ihre Arbeitsumgebung gekümmert und ein gutes Arbeitsplatz-Ambiente hergestellt. Ein Griff und Sie halten in den Händen, was Sie finden wollten. Zum anderen haben Sie sich mit Ihrem Verhalten und Ihrer Arbeitsorganisation beschäftigt. Tools zur Planung sorgen dafür, dass es statt hausgemachtem Stress jetzt Freiräume gibt. Vielleicht ist Ihnen auch bewusst geworden, dass Sie Ihre Fähigkeiten am PC weiter ausbauen, kommunikative Kompetenzen stärken können oder Sie haben sich mit Ihren übergeordneten Zielen beschäftigt. Zeit zu haben ist ein Luxus, die Freiräume zu schaffen kein Hexenwerk, sie zu erhalten erfordert Disziplin. Die wiederum ist – na? – genau: das Tor zur Freiheit!

Fühlen Sie sich frei, dranzubleiben. Sie haben eine ideale Basis aufgebaut und wirklich viel geschafft. Vielleicht haben Sie Lust, gleich zu Hause noch weiterzumachen. Wie wäre es, Ihre Gewürze alphabetisch zu sortieren?

Viel Erfolg wünscht Ihnen Rositta Beck-Rappen.